U0019675

這本書屬於 _____

此書獻給我爸爸，
他從來不會對於回答我的問題感到厭煩。
也獻給伊薩克，
願你永遠不會停止提問。

——艾蜜莉

BRAIN-FIZZING FACTS

童心園 231

小學生的驚奇科學研究室：顛覆想像的30道科學知識問答
Brain-fizzing Facts: Awesome Science Questions Answered

作者 艾蜜莉‧格羅曼博士（Dr. Emily Grossman）／**繪者** 艾莉絲‧鮑許爾（Alice Bowsher）
譯者 聞翊均／**責編** 鄒人郁／**封面設計** 黃淑雅／**內文排版** 連紫吟‧曹任華
童書行銷 張惠屏‧吳冠瑩／**出版者** 采實文化事業股份有限公司
業務發行 張世明‧林踏欣‧林坤蓉‧王貞玉／**國際版權** 王俐雯‧林冠妤
印務採購 曾玉霞／**會計行政** 王雅蕙‧李韶婉‧簡佩鈺
法律顧問 第一國際法律事務所 余淑杏律師／**電子信箱** acme@acmebook.com.tw
采實官網 http://www.acmestore.com.tw／**采實文化粉絲團** http://www.facebook.com/acmebook
采實童書FB https://www.facebook.com/acmestory/
ISBN 978-986-507-715-0／**定價** 330元／**初版一刷** 2022年4月
劃撥帳號 50148859／**劃撥戶名** 采實文化事業股份有限公司
地址 104臺北市中山區南京東路二段95號9樓／**電話** (02)2511-9798／**傳真** (02)2571-3298

Brain-fizzing Facts: Awesome Science Questions Answered
Text copyright© Emily Grossman, 2019
Illustrations copyright© Alice Bowsher, 2019
This translation of Brain Fizzing Facts is published by The ACME Publishing Co., Ltd.
2022 by arrangement with Bloomsbury Publishing Plc
through Andrew Nurnberg Associates International Limited.
All rights reserved.

國家圖書館出版品預行編目資料

小學生的驚奇科學研究室：顛覆想像的 30 道科學知識問答／艾蜜
莉．格羅曼 (Emily Grossman) 文；艾莉絲．鮑許爾 (Alice Bowsher) 圖
；聞翊均譯. -- 初版. -- 臺北市：采實文化事業股份有限公司 , 2022.04
　　面；　公分. -- (童心園系列 ; 231)
　　譯自：Brain-fizzing facts : awesome science questions answered
　　ISBN 978-986-507-715-0(平裝)

1.CST: 科學 2.CST: 通俗作品

307.9　　　　　　　　　　　　　　　111000289

采實出版集團
ACME PUBLISHING GROUP

BRAIN-FIZZING FACTS
AWESOME SCIENCE QUESTIONS ANSWERED

小學生的驚奇科學研究室

顛覆想像的30道科學知識問答

文｜艾蜜莉·格羅曼博士 Dr. Emily Grossman
圖｜艾莉絲·鮑許爾 Alice Bowsher
譯｜聞翊均

目錄

科學棒透了！

你好，我是艾蜜莉博士，我最愛科學了！因為我們可以靠著科學理解這個世界上發生的各種事情。

在我的成長過程中，我最喜歡說的一句話就是「**為什麼**」。我總是在問問題，無論是誰告訴我什麼事，我都會等到他們解釋清楚，才會接受他們說的話。有時候，我的家人和老師都被我問到快瘋了！

據說，平均每個小孩每天會提出 73 個問題。你每天會問幾個問題呢？你有沒有問過以下這些問題……

為什麼會發生這種事？

那是什麼意思？

這是怎麼變成這樣的？

如果你有問過這些問題的話，你很有可能像我一樣喜愛科學喔！

我最喜歡的感覺，就是當一切突然變
得合理的時候，那種靈光乍現、驚呼「哇喔！」
的感覺。

我寫下這本書，是因爲我想和你們和分享一些我**覺得
最棒也最詭異的科學小知識**。有時候，這個世界上會發生一些
怪異又奇妙的事情。我將會在這本書裡提出 **30** 個稀奇古怪的問
題，並爲每個問題提供 **4** 個可能的答案選項。

不過，最重要的是：你在閱讀每個問題時，請先試試看你能不
能想出答案。不只是思考哪個答案正確，還要想一想，爲什麼這
個答案可能是正確的。

問問你自己……

哪一個答案最合理？

哪一個答案絕對不是真的？

爲什麼這個答案可能是真的？

那個答案是怎麼運作的？

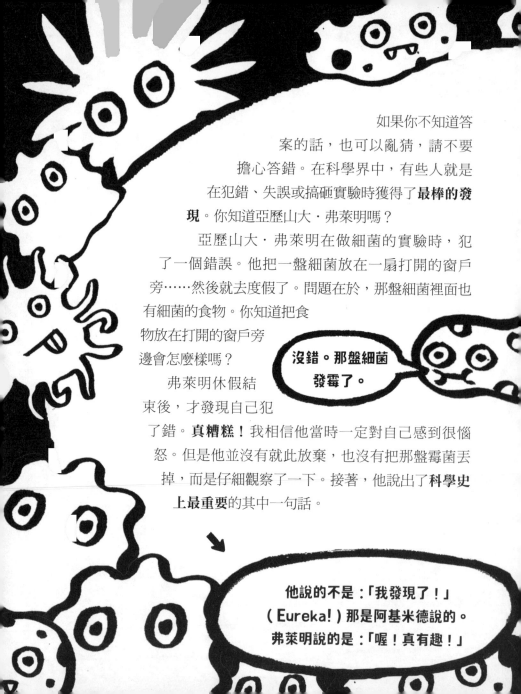

如果你不知道答案的話，也可以亂猜，請不要擔心答錯。在科學界中，有些人就是在犯錯、失誤或搞砸實驗時獲得了**最棒的發現**。你知道亞歷山大‧弗萊明嗎？

亞歷山大‧弗萊明在做細菌的實驗時，犯了一個錯誤。他把一盤細菌放在一扇打開的窗戶旁……然後就去度假了。問題在於，那盤細菌裡面也有細菌的食物。你知道把食物放在打開的窗戶旁邊會怎麼樣嗎？

弗萊明休假結束後，才發現自己犯了錯。**真糟糕！**我相信他當時一定對自己感到很惱怒。但是他並沒有就此放棄，也沒有把那盤霉菌丟掉，而是仔細觀察了一下。接著，他說出了**科學史上最重要**的其中一句話。

沒錯。那盤細菌發霉了。

他說的不是：「我發現了！」（Eureka!）那是阿基米德說的。弗萊明說的是：「喔！真有趣！」

　　細菌盤上有許多毛茸茸的霉菌斑點，而斑點旁邊的細菌死掉了，弗萊明正是因此覺得這種狀況很有趣。他和同事們一起從霉菌中分離出了一種能夠殺死細菌的化學物質。他們把這種化學物質稱作**盤尼西林**，這是史上第一種**抗生素**。後來盤尼西林拯救了數百萬人的性命。

　　所以，請你猜猜看第一個問題的答案吧！別擔心你會不會答錯。**錯誤是學習與進步的最佳方法**。首先，你可以自己猜猜看哪一個答案是正確的；接著，你可以判斷我的解釋是否合理。然後，或許你也會體驗到靈光乍現的時刻呢！

愛你的艾蜜莉博士

你的大腦會利用**痛覺**來警告你有些事情出錯了，如此一來你才能保護身體不受到更嚴重的傷害。

你的皮膚中有**受器**能偵測到痛覺，受器會用名叫**神經**的長纖維把電流訊號傳送到大腦。

在你**手肘**末端的皮膚又厚又硬，有時會被稱做**大象皮**，裡面幾乎沒有末稍神經或痛覺受器。所以，你可以用力捏一下你媽媽的手肘，她很有可能根本不會有什麼感覺！

事實上，你的手肘實在太不敏銳了，就算有人舔你的手肘（雖然這種事不太可能發生啦！），你可能也不會感覺到……

你知道很少有人能用舌頭舔到手肘嗎？

來吧！試試看！

請一位朋友在你看向旁邊的時候輕輕舔一下你的手肘。他們可能會覺得你有點怪怪的，但你可以告訴他們是我叫你這麼做的：這是為了科學。你知道他們是在什麼時候舔了你嗎？你很可能感覺不出來！

現在，請試試看在你朋友舔你的手肘時偷看一眼。這一次，你可能會感覺到朋友在舔你。雖然你的身體接收到的感覺沒有變化，但你的大腦卻替你填補了你缺少的感覺。是不是很酷呢？

答案是 A。
手肘的皮膚
不會感覺到痛。

說到痛覺，下一次你不小心受傷的時候（最好挑受傷的位置不是手肘的時候），你可以利用這個**狡猾的祕訣**：

雖然這個祕訣聽起來有點怪怪的，但請你試試看把**雙筒望遠鏡反過來**觀察你流血的膝蓋──或者其他流血紅腫的部位。這樣做能讓受傷的地方看起來比較小，也會讓你的身體受到的傷害看起來比較不嚴重。有時候你的大腦會被這個方法欺騙，減少傳送到大腦的痛覺訊號。

怪異的是，如果你不是紅髮，疼痛的感覺就會比較微弱。雖然目前還有許多科學家在討論這個充滿爭議的話題，但有些科學家認為，讓人長出紅色頭髮的一組特定指令（這種指令叫做**基因**），也會使紅頭髮的人對於特定種類的痛覺更加敏銳……也比較沒辦法**忍受寒冷的天氣**！

你的手肘皮膚不會感覺到太多痛覺，但是手肘有時能帶來一種有趣的感覺……

17

為什麼外國人有時把手肘稱做「有趣骨頭」？

A 你可以用你的手肘搔癢別人

B 撞到手肘的感覺很有趣

C 古時候馬戲團的小丑會揮舞手肘來娛樂國王

D 上臂骨頭的名字很 i趣

叩阿 叩阿 叩阿 ！

用力撞到手肘的時候，會有一種很奇怪的感覺，對吧？你可能會因此在房間裡上竄下跳，發出各種怪異的叫聲。

每次你的姊姊跳起來大叫你撞到了她的手肘時，都會露出好像屁股被食人魚咬了一口的表情。不過，其實她有這種反應不是因為你撞到她的手肘，而是因為你擠壓到一段藏在手肘裡的神經了。

有趣骨頭
這個名字
其實有點愚蠢，
因為有趣的不是骨頭，
而是神經……

19

神經是一種
又長又細的纖維，
會用電子訊號把訊息
從大腦傳出去與傳回來。
就像是電路中的
電線一樣。

手肘裡的神經叫做**尺神經**，它會沿著你的手臂連接到你的小指。這條神經的工作是把**訊號**從你的**大腦**傳送到**肌肉**，讓肌肉移動手指，並把訊號傳回大腦裡，讓大腦知道手指的**感覺**。當你在彈鋼琴時，這條神經會特別活躍。還有，當你的手指被兔子咬住的時候，這條神經也會很活躍喔！

尺神經就像你身體裡的其他神經一樣，受到許多**骨頭**與**肌肉**的保護，因此不容易被外面的世界傷害，至少這條神經的**多數地方**都被保護得很好。

所以，就算你用堅硬物品的尖端（例如紅蘿蔔）用力推擠並壓著前臂的皮膚，可能也沒辦法感覺到尺神經。

但是，如果你把手臂**伸直**的話，你就能用手摸到手肘下方的**關節**中間有一個小**空隙**，就在**比較靠近身體的那一側**。

有摸到嗎？

這裡只有**皮膚**在保護你的神經。所以，當你撞倒手肘，**正好撞到那層皮膚上**的話，你那條可憐又脆弱的尺神經就會在那瞬間被擠壓到上臂的骨頭上。

你的小指會因此有一種**怪異、刺癢、麻木**的感覺，可能還會覺得有一點**痛**。

有些人認為我們把手肘稱做「有趣骨頭」是因為撞倒手肘時的**有趣感**覺。這種想法或許沒有錯⋯⋯

⋯⋯但是，更好的解釋應該是有趣骨頭這個名字

同時也是**雙關語**，因為**上臂**的骨頭名叫肱骨，而肱骨的英文是 humerus，聽起來就像「**幽默**」（humorous）！

很有趣，對不對？

答案是 B。

外國人有時把手肘稱做「有趣骨頭」，是因為撞倒手肘的感覺很有趣。

但是這個骨頭的名字也很有趣！

順道一提，你知道你的手指中其實沒有任何**肌肉**嗎？不相信嗎？請**試著**把你的右手手肘靠在桌子上，**放鬆**右手，讓你的手軟綿綿的向下垂。接著，用你的左手**用力擠壓**右手手腕的上方與下方。有沒有看到你的手指有一點點**彎曲**了呢？

是不是很詭異？

這是因為你擠壓到了**肌腱**，這些肌腱把你右手的手指骨頭連結到**下臂**的**肌肉**上，讓這些肌肉能控制你的手指——所以，你的肌肉會使你的**手指彎曲**，好像你要**抓住**單槓一樣。或者抓住**香蕉**。或者抓住**鳳梨**（當然是比較小的鳳梨）。或者抓住……好啦，我不說了。

不過，說到鳳梨……

22

要怎麼做
才能讓鳳梨嚐
起來更熟？

A 把鳳梨倒過來

B 把鳳梨放進冰箱

C 把鳳梨切開

D 坐在鳳梨上

你有想過
長出鳳梨的植物
是什麼樣子嗎？

真正看到鳳梨的植株後，你可能會很驚訝：鳳梨不像蘋果或橘子一樣，是長出來後掛在樹上的，而是從下面**往上長**的。

鳳梨的植株每年只會產出一顆鳳梨，這顆鳳梨會端端正正的長在**茂密的葉子**中間。

這顆孤獨的鳳梨和植株連結的位置，是鳳梨扁平的底部，而不是上方那些瘋狂亂長的葉子。那些葉子看起來簡直就像長尾鸚鵡心情不好時，羽毛變得亂七八糟的樣子。

也就是說，當果農把鳳梨摘起來的時候，鳳梨的下方（和植株連結的位置）通常會**比較甜**、**比較軟**也**比較熟**。

只有我
一個鳳梨！

嚴格說起來，其實在果農**摘起鳳梨**之後，鳳梨就不會變得更熟了。但是，如果你把鳳梨的底部切掉，包在錫箔紙裡面，倒過來放進冰箱裡幾天的話，那些又甜又美味的鳳梨汁就會從底部滲透到整個鳳梨中，把整顆鳳梨變得更好吃、更甜。這麼做也能防止鳳梨的底部因為有太多甜美的果汁而開始腐爛。

我還可以告訴你另一個和**水果有關的小知識**：有一種**草莓**吃起來的味道就像⋯⋯你猜對了，味道就像鳳梨。**我是說真的。**這些**水果界的臥底探員**看起來就像一般的草莓一樣，只不過它們的果實是**白色的**，種子則是**紅色的**。它們看起來就像在冬天沒穿外套就跑出門的草莓一樣。但奇怪的是，有些人說這些奇怪的**白化**草莓吃起來有一點像**鳳梨**。你猜猜這些草莓叫什麼名字呢？**鳳梨莓！**

下次去買水果的時候，找找看鳳梨莓吧！接著，你可以把一顆間諜鳳梨莓偷偷混進你奶奶做的草莓蛋糕裡⋯⋯她看到時一定會露出**滑稽的表情**！

接下來讓我們學習另一個更奇怪的知識吧，在這個知識中登場的⋯⋯又是鳳梨！但是，我們的鳳梨好朋友是不是正確答案呢？

所有網路
加起來大概
有多重？

A 網路沒有
重量啦，
笨蛋

B 和一小塊
面包碎屑
一樣重

C 和一顆鳳梨
一樣重

D 和一艘潛水艇
一樣重

你很有可能會覺得**網路**沒有任何重量。畢竟網路又不是真的**「實體物品」**，對吧？網路比較像是一種概念、**一種構想。**

事實上，我們可以把網路想像成一種**資訊**。網路這種資訊儲存在全世界各地的**數百萬臺電腦中**。但是，資訊應該沒有重量吧？畢竟，無論你在手機裡存了多少張貓咪的蠢照片，手機也不會變重呀！

這個嘛，其實這種想法並不正確喔！

27

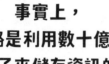

事實上，
網路是利用數十億個
小粒子來儲存資訊的，
這種粒子叫做電子。

我們**手機**和**電腦**等電
子設備中有一些**電子**。舉例來說，
儲存一封短短的**電子郵件**可能就會用到
二十億個電子。如果你之前就知道電子是什
麼的話，你可能會心想：「但是，電子**幾乎沒
有重量**啊！」沒錯，這個想法是對的。但是，
儲存在你的電腦或手機裡的資訊並沒有改變電
腦與手機中的**電子數量**。這些資訊改變的是
這些電子擁有的**能量**。電子有可能會變成
高能量狀態或**低能量狀態**。有一點像
往上或往下、1 或 0、巧克力
或香草。

但是，
改變能量也會
改變重量嗎？

28

在**好多好多**年前，有一位名叫**阿爾伯特・愛因斯坦**的科學家，他想出了一個非常厲害的**公式**，把**能量**與**質量**連結在一起。「質量」代表的是一個物品含有多少物質，質量也會決定物品的**重量**。

愛因斯坦想出來的公式是 $E=mc^2$，這個公式是**狹義相對論**的一部分，也是現代**物理**的基礎。你以前可能有聽過這個公式──這是全世界最有名的公式之一，甚至會被印在**衣服**上。如果這個公式結婚的話，很可能會受到雜誌的採訪報導……抱歉，我不會再說蠢話了。

接下來，我們就要進入厲害的部分了。物理學家利用這個特殊的公式發現，如果資訊儲存在電腦與電話中，會使這些非常渺小的電子獲得**更高的能量狀態**，那麼質量一定也會增加。而質量增加就代表**重量**也會增加。

一切都是相關的。

29

事實上，利用這個聰明的方法來計算的話，你會算出裝滿了書的 4GB Kindle 電子閱讀器（裡面大約可以裝**兩千本書**）會增加**十億分之一的十億分之一**公克的重量，也就是一百京分之一公克。也就是 0.0000000000000000001 **公克**。這是個**小到不可思議**的重量。就算是**最靈敏的秤**也沒辦法測量到這麼輕的重量。但再怎麼輕，也無法改變資訊有重量的事實。若你想要獲得一個硬幣重的資訊的話，你必須要裝滿三十京（30,000,000,000,000,000,000）臺 Kindle 電子閱讀器。那可是多到不得了的書。就算你把每個假日都拿來看書也永遠看不完。無論是多好看的書你都一樣看不完。例如《哈利波特》，或者這本書……

但是，最重要的是用**電子儲存起來的資訊其實是有重量的。**而網路上儲存的資訊比三十京臺 Kindle 電子閱讀器裡的書還要多非常多。事實上，有專家在 2012 年利用這個聰明的方法計算儲存在網路上的**所有數據**，他們認為全部數據加起來的重量很可能大約是 50 公克，大約是一顆小草莓的重量。

　　但由於電腦的功能更進步了，網路出現了飛速的成長，所以現在網路的重量很可能已經比草莓更重了。我們可以預估，現在網路的重量大概是……一顆**鳳梨**的重量！不過，老實說，其實沒人知道如今網路的重量到底有多重。

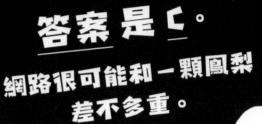

答案是 c。

網路很可能和一顆鳳梨差不多重。

你知道嗎？全世界**最大顆**的鳳梨是一位**做園藝的老奶奶**種出來的，她住在澳洲的貝克威區。這顆巨大鳳梨的長度是 32 公分，重量是驚人的 8.28 公斤，大約和一隻中型犬一樣重。或許她當時用這顆鳳梨做了鳳梨派，那麼這個鳳梨派就可以說是「烘動全國」了。有聽懂這個雙關語嗎？哈哈！

話說回來，我一開始怎麼會嘮叨起鳳梨呢？

喔，對了，有趣骨頭。說起來，我還有許多和骨頭有關的有趣知識……

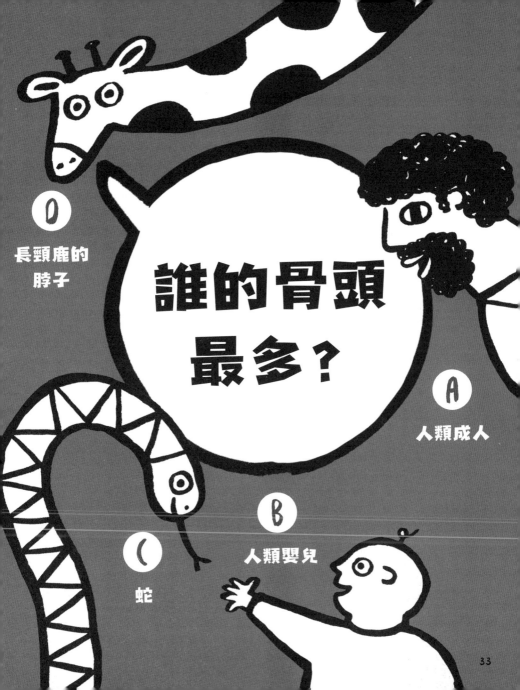

誰的骨頭
最多？

D
長頸鹿的
脖子

A
人類成人

B
人類嬰兒

C
蛇

33

人類的身體可以做出許多**了不起**的事情：例如爬上繩網、後空翻、踢足球或織毛衣。要完成這些困難的動作，我們必須精準的協調體內的**兩百多塊骨頭**（準確來說是 206 塊）、肌肉、肌腱與韌帶一起合作。

　　在你的身體中，含有**最多**骨頭的部位是雙手，你的每隻手中有 27 塊骨頭，這是因為你必須使用雙手來完成**最複雜**、**最精巧**的動作，例如組裝樂高太空船。事實上，你的體內有一半以上的骨頭全都在你的雙手與雙腳中。

　　令人吃驚的是，雖然長頸鹿的脖子**長到不可思議**，但裡面的骨頭數量和人類脖子裡的骨頭數量是**一樣**的。

　　長頸鹿的脖子會那麼長，是因為牠脖子裡每塊骨頭的長度都比你脖子裡的骨頭還要長很多。

所以，人類成人體內的骨頭絕對比長頸鹿的脖子還要更多。

那麼人類嬰兒的骨頭有多少呢？人類的小孩或成人能做到許多事，但嬰兒能做到的事根本不到一半，再加上嬰兒那麼小。這麼說來，嬰兒的骨頭想必不可能比成人還要多吧？奇怪的是，**嬰兒的骨頭確實比較多，而且是多很多。**

　　嬰兒出生時大約擁有 275 到 300 塊骨頭，許多骨頭都是由軟骨連結在一起的。在嬰兒長大的過程中，這些軟骨會硬化，變成骨頭。嬰兒的骨頭比成人還要多出將近 **100** 塊，成人的 206 根骨頭簡直微不足道。那麼，這些多出來的骨頭後來跑到哪裡去了呢？

　　在嬰兒成長的過程中，許多小骨頭與一些軟骨會慢慢**黏在一起、彼此融合，形成更強壯、更大塊的骨頭。**舉例來說，**嬰兒的頭骨是由八個小骨頭片組成的**，這些骨頭片會慢慢融合，等到嬰兒長大成人後，頭骨就會變成四片。這就是為什麼你絕對不可以按壓嬰兒頭頂上**比較柔軟的小凹陷。**

那裡的骨頭還沒有融合，

那些骨頭應該不會從小嬰兒的耳朵裡掉出來吧？

因此只有脆弱的皮膚與薄膜覆蓋在嬰兒的大腦上。

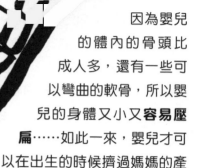

因為嬰兒的體內的骨頭比成人多，還有一些可以彎曲的軟骨，所以嬰兒的身體又小又**容易壓扁**……如此一來，嬰兒才可以在出生的時候擠過媽媽的產道，嬰兒也會在屁股著地時**彈跳**。

那麼**蛇**的骨頭呢？蛇會在地面**滑行**，也能夠輕而易舉的爬上樹。為了能夠輕輕鬆鬆的做到這些需要精準控制的滑行動作，有些蛇的體內有將近 **500 塊骨頭**！因此，蛇顯然是骨頭數量的贏家。

答案是 ᄃ。
蛇的骨頭最多。

想要知道更多和骨頭有關的知識嗎？沒問題，接下來……

人類體內最強壯的骨頭是哪一個？

Ⓐ 下顎骨

Ⓑ 髖骨

Ⓒ 大腿骨

Ⓓ 小趾骨

如果我問你，你覺得有哪些**物質**很**強壯**的話，你會想到什麼？或許是金屬？甚至水泥？好啦，聰明鬼，不然**鑽石**怎麼樣？不管怎麼說，你都不會想到**骨頭**吧？

雖然骨頭看起來不像是特別強壯的物質，但是骨頭其實比金屬和水泥都還要更強壯喔，你相信嗎？我聽到你大叫著問道：「更強壯多少倍？」既然你發問了……

若我們拿出重量相同的骨頭和金屬的話，**骨頭其實比金屬更強壯**，也比水泥更強壯……骨頭比水泥強壯的程度不只兩倍或三倍，骨頭比水泥還要強壯四倍！

骨頭就像水泥一樣，是一種**複合物質**。意思是骨頭是由兩種不同的物質**混和**組成的：**氫氧基磷灰石（裡面有很多鈣質）和具有彈性的膠原。**這種超級混和物質使骨頭能在承受擠壓時變得非常強壯，也就是說，只要你順著骨頭的長度壓迫它，不管你壓多大力，骨頭都不太可能會斷掉。不過，如果你太傻，從骨頭的**側邊**施加力量，用九十度角重擊骨頭的話（就像空手道用手劈砍那樣），骨頭就很容易**斷掉**。

這也就解釋了你為什麼可以徒手折斷雞的骨頭。當然了，如果你把雞骨頭**泡在醋裡面**的話，那又是另一回事了，因為泡在醋裡的骨頭會變得**可以彎曲**。你可以試試看，很詭異喔！醋裡面的酸會溶解鈣質，而骨頭正是因為有鈣質才能保持堅硬的，所以鈣質消失後，就只剩下**可以彎曲的膠原**了。

雖然下顎骨絕對是身體裡最強壯的骨頭**之一**，但是比下顎骨更重、更長也更強壯的是大腿骨，我們把這根骨頭稱為股骨。這很合理，因為你的兩根股骨幾乎必須支撐整個身體的重量。事實上，根據預測，**犀牛的股骨**可以支撐高達 109 噸的重量還不會斷掉，這已經是超過**兩輛大卡車**的重量了！

答案是 c 。

人體裡最強壯的
骨頭是股骨。

所以說，雖然你絕對不應該從高處跳到任何堅硬的表面上（例如水泥地），但幸好你的多數骨頭都不太容易斷掉。不過這也有例外，你的小腳趾裡面的骨頭實在太小又太脆弱了，根據估計，幾乎每個人的小腳趾都至少曾經斷掉過一次！不過，小腳趾的骨頭並不是**最小的**，人體中最小的骨頭是 U 型的**鐙骨**，只有 2 至 3 毫米那麼長。幸好鐙骨長在很安全的位置，就在你的**內耳**裡面，這塊骨頭能幫助你把**聲波**傳到大腦中。

在我們討論能夠承受擠壓的強壯物質

美國傳奇人物埃維爾・克尼維爾是機車特技表演者，他曾創下紀錄，在職業生涯中跌斷過 433 根骨頭，不過他很可能從來沒有跌斷過鐙骨！

（例如骨頭）時，你**最不可能**想到的東西大概會是……**雞蛋**。畢竟，英文有句俚語「走在雞蛋殼上」（walk on eggshells）的意思是，你必須在行走時格外**小心**。所以，雞蛋一定很脆弱，對吧？

先別急著下結論。事實上，走在蛋殼上是做得到的事！你可以站在一整盒雞蛋上，雞蛋連一顆都不會碎掉。我是認真的，但你的動作一定要非常輕巧。而且，你最好在雞蛋盒下放幾張舊報紙。此外，你還要先告知買雞蛋的人，畢竟不怕一萬，只怕萬一嘛……

蛋殼非常強壯，能承受很大力的擠壓，你可以把雞蛋握在一手的手掌中，試著從雞蛋的兩端把蛋捏破，你會發現這是不可能做到的事。試試看吧！

蛋殼能夠那麼強壯的祕訣在於它的形狀。**蛋殼的兩端都是拱形**，而拱型是人類已知的所有形狀中最強壯的形狀之一。這就是為什麼我們常把橋樑或窗戶設計成拱形。但如果你用力按壓雞蛋側邊的某個點，接下來你就可以準備煎蛋。在我們轉換主題之前，你想不想知道你還能用雞蛋來做哪些瘋狂的事情？

嗯，如果你堅持的話，那好吧：

艾蜜莉博士令人迫不急「蛋」的實驗

如果你施力的位置是雞蛋兩端的話，蛋殼是非常強壯的，但是如果你把一顆雞蛋掉到地上的話，蛋應該就一定會碎掉吧？**其實這可不一定喔！**

你可以讓雞蛋**彈跳**，就像彈力球一樣。你想知道要怎麼做到嗎？我就知道你想知道。你只要把雞蛋泡在一碗醋裡面就行了。醋是一種**酸性液體**，會和蛋殼中的**碳酸鈣**發生反應，使蛋殼開始溶解。這是一種**中和反應**，反應的過程中會產生鹽、水和二氧化碳，所以，你可能會看到醋裡面出現氣泡。

把蛋泡在醋裡面兩到三天之後，請用水把蛋沖一沖，並小心的把蛋殼的碎片撥掉。你會得到一顆生雞蛋，上面有一層透明的膜，叫做**蛋殼膜**。你甚至可以看到蛋黃漂浮在蛋白裡。請用非常輕柔的動作把蛋沖乾淨……接著，你就可以讓雞蛋彈跳了。你還可以戲弄朋友，請他們把這個外表怪異的蛋丟在桌上。他們看到雞蛋彈跳的時候一定會嚇一大跳！不過，過程中請保持動作輕柔。而且，你最好先在地上鋪幾條舊毛巾，如果你丟得太大力的話，這顆怪蛋可能會爆開，讓媽媽最喜歡的地毯沾滿生雞蛋。別說我沒警告過你！若你想要避免把地板弄亂，你可以先把蛋煮到**全熟**，接著再泡進醋裡面，做出來的蛋也一樣能彈跳喔！

你還可以用另一個厲害的雞蛋把戲讓朋友嚇一跳。請他們想辦法讓雞蛋跳起來。或者說得更準確一點，請他們想辦法用小酒杯讓雞蛋翻面（請先詢問大人能不能借一個小酒杯。）在你誇下海口說這很簡單（而且可能會很髒亂）之前，還有另一個條件：**你的手不能碰到小酒杯**。這下子就沒那麼簡單了吧？

很簡單，你只要對著雞蛋吹氣就好了。我是說真的。

請用色筆在雞蛋的其中一端畫一個圓點，如此一來，你才知道蛋有沒有翻面。接著，把蛋放進小酒杯裡，畫有圓點的那一面朝上，再將杯子放在穩固的桌面上。

　　現在請你把臉移到蛋的正上方，直接朝著雞蛋的上方**用力吹氣**，這口氣要又快又短。吹氣會使雞蛋上方的空氣**快速移動**，而快速移動的空氣會在雞蛋的上方創造**低氣壓**。

　　小酒杯中的空氣被困在雞蛋**下方**，這些空氣的氣壓依然和之前一樣，因此和雞蛋上方快速移動的低氣壓比起來，酒杯裡的氣壓**稍微高了一點**。

　　氣壓的不同會導致雞蛋下方的空氣想要從小酒杯中**往上衝**，朝著低氣壓的方向移動，因此會在雞蛋底下創造出**向上的力量。這股力量會把雞蛋的底部往上推**⋯⋯如果你夠幸運的話，雞蛋有可能會從小酒杯中跳出來！

下方的空氣往上推動雞蛋時，很有可能會對雞蛋的兩個尖端施加**不平均**的力量，所以雞蛋的其中一端接受到的力量會比另一端更大。快看，雞蛋有可能會因此轉動喔！如果你吹氣的力量夠大的話，就能產生足夠大的向上力量，讓雞蛋彷彿被施了魔法一樣**翻面**……**上下顛倒**的掉回小酒杯中！就好像這顆雞蛋做了後空翻一樣。

當物體**上方的氣壓比較低**、**下方的氣壓比較高**時，就會出現這種向上的力量，有時我們把這種力量稱做**升力**。飛機就是靠著升力飛起來的。你可能會注意到飛機的機翼是**微微向後傾斜的**。當飛機用極快的速度飛過天空時，機翼的**角度**會使空氣打在機翼下方，**聚集成一團**，使**氣壓增加**，同時，機翼上方的空氣會迅速經過並擴散開來，使氣壓下降。這樣的氣壓差異會在機翼下方創造出一個**往上推**的力量，就像導致雞蛋在小酒杯中跳起來的力量一樣。如果飛機的速度夠快的話，**這種升力就會變得比飛機的重量還要大**，接著說變就變，**飛機就會上升到空中了**。

好了，讓我們繼續討論雞蛋吧……

你還可以用雞蛋和牛奶玻璃瓶表演另一個令人驚嘆的魔術。其實你也可以使用別種玻璃瓶，只要瓶口比雞蛋**稍微小一點**，能夠讓蛋無法通過就可以了。或者該說，你以為雞蛋無法通過的大小。

請把一顆雞蛋煮熟，把蛋殼撥掉。接著，在瓶頸抹一些**食用油**，讓瓶頸變得**滑溜溜的**。

請找一位大人來監督你接下來要做的事：請拿一小片報紙，小心的用火柴點燃後丟進玻璃瓶裡。

接著立刻把蛋放在瓶口上。雞蛋會在瓶口上動也不動幾秒鐘，直到火熄滅之後……咻……雞蛋就會滑進瓶子裡了！這到底是怎麼回事呢？

事情是這樣的，報紙燃燒的時候，瓶子裡的空氣會**變熱**，所以空氣粒子會獲得更多**能量**，開始遠離彼此。空氣粒子遠離的時候會使得空氣**膨脹**，占據更多空間。換句話說，雞蛋被放在瓶口之後，有些空氣沿著雞蛋的邊緣離開瓶子。但是，火焰一熄滅之後，瓶子裡的空氣會冷卻，體積逐漸**縮小**。由於雞蛋被放在瓶口，沒有空氣能進入瓶子裡，所以在瓶子裡創造出了一些**沒有空氣的空間**，我們把這種狀態稱做**部分真空**。這種真空會吸住滑溜溜的雞蛋，讓它從瓶口**擠進**瓶子裡。**咻！**

49

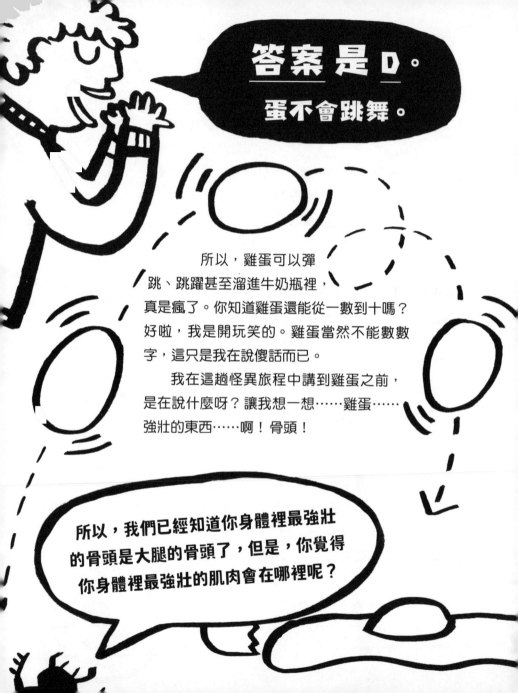

答案是 D。

蛋不會跳舞。

所以，雞蛋可以彈跳、跳躍甚至溜進牛奶瓶裡，真是瘋了。你知道雞蛋還能從一數到十嗎？好啦，我是開玩笑的。雞蛋當然不能數數字，這只是我在說傻話而已。

我在這趟怪異旅程中講到雞蛋之前，是在說什麼呀？讓我想一想……雞蛋……強壯的東西……啊！骨頭！

所以，我們已經知道你身體裡最強壯的骨頭是大腿的骨頭了，但是，你覺得你身體裡最強壯的肌肉會在哪裡呢？

51

若想回答這個問題，我們應該要先弄清楚**最強壯的肌肉**是什麼意思。肌肉的工作是**收縮**，也就是把長度變短。**肌肉收縮的目的是拉動我們的骨頭，或者在身體裡面做出擠壓的動作。**例如我們的心臟會把血液**打出去**，我們的小腸則會**擠壓食物**。

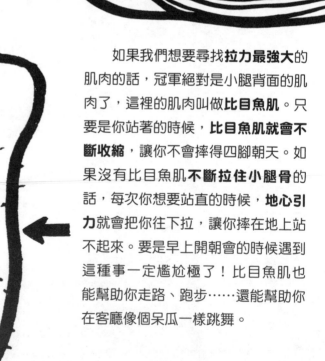

如果我們想要尋找**拉力最強大**的肌肉的話，冠軍絕對是小腿背面的肌肉了，這裡的肌肉叫做**比目魚肌**。只要是你站著的時候，**比目魚肌就會不斷收縮**，讓你不會摔得四腳朝天。如果沒有比目魚肌**不斷拉住小腿骨**的話，每次你想要站直的時候，**地心引力**就會把你往下拉，讓你摔在地上站不起來。要是早上開朝會的時候遇到這種事一定尷尬極了！比目魚肌也能幫助你走路、跑步……還能幫助你在客廳像個呆瓜一樣跳舞。

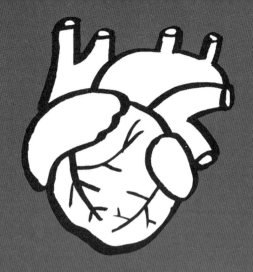

接下來，如果我們要討論的是**最勤勞的肌肉**的話，贏家將會是心臟的肌肉，這裡的肌肉叫做**心肌**。

心肌就像是由**渦輪推動**的肌肉一樣，日日夜夜不斷收縮，把血液輸送到你身體的各個角落。成年人平均每分鐘會心跳 72 下，也就是大約每天 10 萬下，每年超過 300 萬下，**一般人一輩子的心跳次數是驚人的 25 億下**；在這段期間，心肌從來不會覺得疲憊或者想停下來休息、喝口茶。在我看來，心肌確實是非常勤勞的肌肉呢！

位於屁股的肌肉叫做**臀大肌**，臀大家都暱稱它為**臀部**，它是我們身體中**最大的肌肉**……而且它也很強壯喔！我們的臀部能幫助我們跳過小溪、爬上大樹或在公園裡追著狗跑，我們也需要臀部的幫忙才能讓上半身**挺直**。

眼睛周圍的肌肉則是我
們身體中**最聰明**的肌肉。
在我們移動頭部的時候，
眼睛周圍的肌肉會不斷**調
整**眼球的位置，讓我們能
夠把視線**聚焦在固定的位
置**。你可以試試看一邊專注
的看著這一頁的文字，一邊稍
微**移動你的頭**。你眼睛旁邊的

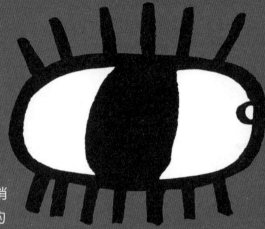

肌肉很聰明，對不對？事實上，如果你繼續閱讀這本書一個小時
的話（沒錯，我知道你還想繼續讀一個小時），你眼睛旁邊的肌肉
大約會做出**一萬次協調的移動**。

雖然你的**心臟肌肉**不需要休息也可以隨時精力充沛，但是眼睛
旁的肌肉不一樣，運作一段時間之後**它會開始覺得累**，需要休息一
下。這就是為什麼我們每天晚上都要
閉上眼睛，**一覺睡
到天亮**。不過，
在你**做夢**的時候，
眼睛旁的肌肉仍然會
不斷移動喔！

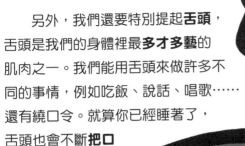

另外，我們還要特別提起**舌頭**，舌頭是我們的身體裡最**多才多藝**的肌肉之一。我們能用舌頭來做許多不同的事情，例如吃飯、說話、唱歌……還有繞口令。就算你已經睡著了，舌頭也會不斷**把口水推下**你的喉嚨中。當然，如果你常在睡覺時會流口水那就不一定了。

不過，如果要用絕對的強度來決定哪一種肌肉最強壯的話，我們要找的是能夠在**任何一個時間點製造出最多力量的肌肉**，那麼，贏家絕對是位於**下顎的嚼肌**。不過，子宮也是很強大的競爭者之一喔！只要詢問有生過小孩的女人你就知道了。子宮的肌肉必須非常大力的**收縮**才能把嬰兒推出來！

一般成年人可以用下顎咬住後方牙齒（臼齒）之間的食物，對這些食物施加大約 1100 到 1300 牛頓（N）的力量。這種力量約等於有一頭小型棕熊坐在你的食物上。

答案是 B。

你可以在下顎找到身體中最強壯的肌肉。

難怪我們咬得動那麼硬的太妃糖。

但是，人類下顎的力量根本比不上接下來要出現的可怕咀嚼高手……

如今還
存活的
動物中，
誰的咬合力
最大？

A 河馬

B 鱷魚

C 美洲豹

D 鯊魚

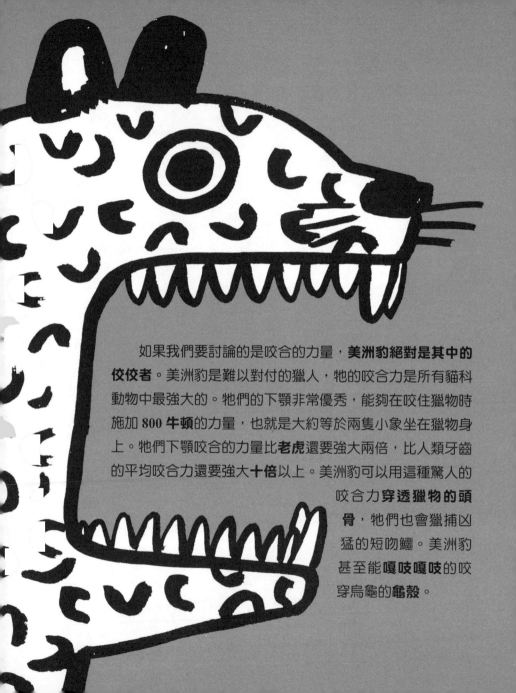

如果我們要討論的是咬合的力量，**美洲豹絕對是其中的佼佼者**。美洲豹是難以對付的獵人，牠的咬合力是所有貓科動物中最強大的。牠們的下顎非常優秀，能夠在咬住獵物時施加 **800 牛頓**的力量，也就是大約等於兩隻小象坐在獵物身上。牠們下顎咬合的力量比**老虎**還要強大兩倍，比人類牙齒的平均咬合力還要強大**十倍**以上。美洲豹可以用這種驚人的咬合力**穿透獵物的頭骨**，牠們也會獵捕凶猛的短吻鱷。美洲豹甚至能**嘎吱嘎吱**的咬穿烏龜的**龜殼**。

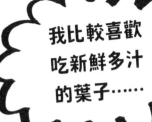

我比較喜歡
吃新鮮多汁
的葉子……

　　大猩猩的咬合力雖然沒有美洲豹那麼厲害，但牠們的咬合力是**靈長類**之中最強大的。靈長類是一群動物的總稱，其中包括了猩猩、猴子和人類。**銀背大猩猩**能用牙齒咀嚼並磨碎各種**非常堅硬的食物**。例如**樹皮**。等一下，誰會想要吃樹皮？樹皮可算不上什麼**美味佳餚**。但我不會當著銀背大猩猩的面說這種話，牠可能會覺得我沒禮貌，而決定要咬**我的手臂**。不過，因為大猩猩是**草食動物**，只會吃植物，所以牠咬我的手臂也只是為了好玩。唯一的例外是牠們偶爾會吃**螞蟻**。

　　總而言之，他們會吃樹皮是因為樹皮裡含有許多**鹽分**，大猩猩需要鹽分才能活下來。所以，啃樹皮的大猩猩其實**沒有瘋**！說不定牠們還會在炒菜時撒一些樹皮。有聽懂嗎？就是在炒菜時灑鹽的意思啊？

如果我們把調查範圍擴張到**所有哺乳動物**的話，唯一能和美洲豹傑出下顎力量相提並論的，就只有河馬了。

雖然我們可能覺得在泥濘裡打滾的河馬很可愛，但牠們其實是非洲最危險的大型陸生動物。雖然河馬不吃肉，但是**侵略性非常高**，時常**沒有預警的發動攻擊**。所以，千萬別跑到河馬的池子去玩水。

那鯨魚呢？不是養在魚缸裡的那種「金魚」。我是說**長得像魚的大型哺乳動物**，鯨魚。鯨魚的**嘴巴大得不得了**。科學家認為在所有現存的生物中，**弓頭鯨**的嘴巴是最大的。

雖然鯨魚擁有最大的嘴巴，可是牠們並不會用嘴巴來咬合。多數鯨魚根本沒有**牙齒**，牠們的食物會直接通過長滿鯨鬚的巨大下巴。也就是說，牠們的下顎肌肉沒有必要發展得特別強壯。

如果我們把魚也包括在調查範圍中呢？這麼一來，**鯊魚應該**有機會在我們的「下顎名人堂」中名列前茅吧？不過，問題是**從沒有人真正測量過鯊魚的咬合力**。不然，你敢去測量嗎？諒你不敢。但是，科學家使用聰明的電腦模型，利用我們對下顎的各種知識，預測了許多種動物的咬合力，結果顯示，大白鯊的咬合力大約高達 **1 萬 8000 牛頓**。

大白鯊的咬合力比人類的平均咬合力還要強大二十倍，是獵豹或河馬的兩倍以上！但是，其實沒人知道大白鯊真正的咬合力是多少。

然而，如果我們在這場咬合比賽中，要用**曾經測試過**的咬合力來做判斷的話，贏家顯然會是……不是哺乳動物，也不是魚，而是**爬蟲類**。而且，是全世界**最大的爬蟲類：鹹水鱷**。

什麼？
你問我要怎麼測試鱷魚的咬合力？
你必須非常小心。

鹹水鱷的長度有**雙層巴士**的 2/3 那麼長，而且牠們非常強壯，必須找大約 **10 位抓鱷魚大師**團隊合作，才能把咬合力轉換器（長得像是上面黏了一層厚皮革的浴室防水體重計）放進**鱷魚的後方牙齒**之間。幸好是他們要負責量，不是我。接著，他們會讓餓著肚子的鱷魚用力咬一根特殊桿子上的「金屬三明治」。雖然在我看來，那個「三明治」算不上什麼美味的點心，反正這個方法有效。在鱷魚咬下去的時候，後方牙齒中間的轉換器會**測量**牠用力咬合時，產生了多大的力量。

答案 是 B。

如今還存活的動物中，（曾測試過）咬合力最大的是鹹水鱷。

人類利用這個聽起**來很危險**的方法，測試出的鹹水鱷咬合力比 1 萬 6000 牛頓還多一點點。這個數字大約是美洲豹或河馬的咬合力的兩倍。人們認為鱷魚的咬合力這麼大，都要感謝牠們**頜骨**中的**巨大閉口肌肉**。這塊巨大的肌肉位在牠們的嘴角後方。

鱷魚因為有這些**強大的肌肉**幫助，才能用嘴巴發動致命的一擊，成為咬合力大師，咬住並殺死像**水牛**那麼大的動物。

但是，如果我們**回到過去**，調查所有曾經出現在地球上的動物呢？你覺得誰的咬合力是**有史以來**最大的？

從古至今，咬合力最大的是哪種生物？

A 可怕的暴龍

B 巨大的鱷魚

C 體型驚人的鯊魚

D 嚇人的鯨魚

說到有史以來咬合力最強大的動物，想必就是偉大的暴龍了吧？根據科學家估計，暴龍這種超級生物的咬合力是 5 萬 7000 牛頓，是鹹水鱷的三倍。

但是，還有一些生物的咬合力量甚至比凶猛的暴龍**還要更大**。大約 900 萬年前，南美的河流裡有許多和**板球球棒**一樣長的**巨大食人魚**。

雖然食人魚這個名字聽起來很恐怖，但牠們的咬合力其實**微不足道**，只有現代人類的兩、三倍而已。不過，牠們的嘴巴裡長滿了**又尖又長的牙齒**，所以，儘管你的姊妹生氣時一口咬住你的手臂只會造成皮肉傷，但食人魚能一口把你的骨頭都咬碎。

雖然史前食人魚可能無法入咬合力排行榜，不過龐大的**恐鱷**則擁有像是怪獸一樣的咬合力。恐鱷是大約出現在 8000 萬年前的生物，根據推測，牠們的下顎咬合力是暴龍的兩倍，相較之下，暴龍根本不值一提。

科學家認為，有史以來咬合力最強大的其實是比恐鱷更厲害的巨型鯊魚，名叫**巨齒鯊**。這種巨型鯊魚有 20 公尺長，活在 260 萬年前，科學家推估牠們的咬合力是令人目瞪口呆的 18 萬牛頓，這股力量大到足以壓扁小客車。要是我在史前世界潛水度假的話，我最不想遇到的絕對就是巨齒鯊了。

除此之外，還有一種**史前的巨型抹香鯨**，牠們的頭和賽車一樣長，牙齒的長度則和你的手臂一樣。這種**巨無霸鯨魚**的咬合力很可能比了不起的巨齒鯊還要更厲害。史前抹香鯨和現代抹香鯨不一樣，這種史前巨獸有**牙齒**，這代表他們很可能會利用巨大的下顎來咬住食物。

答案是 D。

有史以來咬合力最強大的生物可能是巨型鯨魚。

如果我是你的話，我絕對會一看到時光機就躲得遠遠的。尤其是那種可能會把你帶到史前海上的**時光機**。

但是，如果你真的發現自己穿越到不同時空，快要被可怕的鱷魚當成午餐給吃掉的話，你可能會想知道……

B 用手指插進
他們的眼睛

C 搗住他們
的鼻孔

A 一拳打向他們的下巴

被鱷魚
咬住時，
掙脫的
最佳方法
是什麼？

D 摸摸他們，
哄他們睡覺

由於鱷魚的下顎實在太強壯了，所以最聰明的做法其實是一開始就**不要被鱷魚咬到**。這是用膝蓋想也知道的事。

根據傳說，如果有鱷魚正往你靠近的話，只要用最快的速度以**之字形**的路線跑走，牠就抓不到你了，不過這個方法**風險很高**。

而且，這個方法很可能不管用，就算你跑直線也一樣。事實上，成年鱷魚的跑步速度大約**和人類一樣快**。所以，最好的應對方法應該是不要突然做出任何動作，直接**向後退**。非常慢的向後退。同時，你要一邊背誦九九乘法表。好啦，不用背九九乘法表，這是我亂講的。

如果鱷魚距離你真的很近，而且你還能保持理智的話，你可以試著用雙手抓住牠們的嘴巴，別讓牠們打開嘴。

神奇的是，有時這個方法真的會有用。至少在遇到**美洲短吻鱷**時，這個方法可能會有用。雖然美洲短吻鱷的下顎肌肉在**咬合的時候**非常強壯，不過，這些肌肉在**打開嘴巴**的時候卻**十分虛弱**。

69

然而，如果這些方法都沒有用，你不幸被鱷魚一口咬住的話，該怎麼辦？

這個嘛，你可以先從一拳打向牠的頭或下巴開始嘗試。在澳洲，有一名法國漁夫的頭被一隻鹹水鱷**牢牢咬在嘴中**，他用這個方法成功脫困了。幸好鱷魚並沒有咬得太大力，所以，在這名勇敢的漁夫**往鱷魚的頭打了幾拳**之後，鱷魚就鬆口了。

把鱷魚的**鼻孔**搗住不會有太大的作用，但是，在佛羅里達州，曾有一名 10 歲的女孩**把手指插進鱷魚的鼻孔裡**，因此從鱷魚的嘴中逃脫，這是她之前在鱷魚公園學到的方法。當時咬住女孩的鱷魚嚇了一跳，把原本牢牢咬在口中的女孩的腿給鬆開了。接著，女孩掰開了鱷魚巨大的嘴巴，**一溜煙的逃跑了。**

如果揍鱷魚幾拳和插鱷魚的鼻孔都無法把鱷魚嚇走的話，你還可以試試看**催眠**鱷魚。我是說真的，你可以把鱷魚翻過來，然後**溫柔的撫摸**牠的**肚皮**。

據說這麼做能讓可愛的鱷魚進入類似睡眠的**恍惚狀態**，讓牠們感受到一種**天然的麻痺感**，這時他的下顎就會鬆開，把你放走。

我不太相信這個瘋狂的說法，所以我決定親自試看看。於是，我前往了巴西的亞馬遜叢林。

某一天晚上，我們一小群人一起滑著一艘小獨木舟，沿著河流尋找鱷魚。如果你也在場的話，想必也會這麼做。突然之間，我們發現了一隻**鱷魚寶寶**。這是因為雷歐一直舉著手中的火把，觀察四周，所以才能靠著火把的光，看見水中有一雙眼睛正**閃閃發光**。我還來不及眨眼，雷歐就跳進了**充滿食人魚的河**水中，抓住了那隻嚇了一跳的小鱷魚……然後把牠放進我手中。

這隻鱷魚寶寶只比我的手掌大一點點，看起來就像是一隻迷你版的小**恐龍**。雷歐幫我把牠翻面，變成肚子朝上，讓牠躺在我的大腿上。雷歐溫柔的固定住小鱷魚，我則緊張兮兮的開始用手指**撫摸牠的肚皮**。

小鱷魚突然停止掙扎，肚子朝上的**靜靜躺著**，四隻腳懸在半空中。他看起來就像是躺在床上睡著了一樣。當然啦，鱷魚寶寶通常不會睡在床上，牠只有河床，哈哈。

過了幾秒後，我們把**昏昏欲睡的小鱷魚**翻回來⋯⋯這時牠突然又活力充沛的掙扎了起來。雷歐把小鱷魚從我手中接過去，溫柔的把牠**放回水中**，小鱷魚就這麼游泳離開了。

所以說，撫摸鱷魚的肚子讓牠睡著真的有用，甚至連搖籃曲都不用唱。不過，我覺得如果要在長大的鱷魚身上嘗試這個方法，很可能會困難得多。

還有一些令人害怕的殺手，也會在你把牠們翻過來變成肚子朝天時，因此**受到催眠，停止動作**。例如鯊魚就是這樣。所以，下次你和**大白鯊**面對面的時候，只要把牠翻過來，摸摸牠的肚子，牠就**會陷入熟睡**長達 15 分鐘。太簡單了，對吧？

不然，如果你陷入**恐慌**的話，你也可以一拳打在牠的鼻子上。

> 許多為人所知的可怕殺手都會因此陷入熟睡……還有兔子和迷你豬也會。

這麼說來，牠們也沒那麼嚇人嘛！不過如果你真的想要逃離**殺手兔子的攻擊**，你只要把這位毛茸茸的刺客**翻過來**幾次，然後**摸摸**牠，牠很可能就會直接進入夢鄉了。若你想要牠醒來的話，只要**朝牠的鼻子吹氣**……牠就會突然翻回正面，再次**蹦跳**起來。

讓我們回到原本的主題吧！被鱷魚咬住時，最好的逃脫方法是什麼呢？

　　多數鱷魚專家都同意，遇到飢餓的鱷魚時，最好的應對方法絕對是把你的手指戳進牠們的眼睛裡，或者你也可以用鉛筆戳牠們的眼睛，前提是你手邊正好有鉛筆的話。

　　鱷魚的眼睛並沒有藏在厚重的皮膚底下，也沒有堅硬的骨頭能保護，所以鱷魚會被你嚇一跳，**為了想要保護眼睛這個敏感部位，牠會迅速鬆開下顎，把你放**走。接著你就可以跑回家，喝口茶休息一下了。在澳洲的昆士蘭州，有一位礦工在河邊被鱷魚攻擊，他就是靠著用手指戳眼睛的方法救了自己一命。

答案是 B。

被鱷魚咬住時，掙脫的最佳方法是用手指戳牠的眼睛。

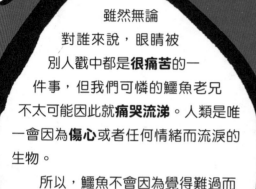

雖然無論對誰來說，眼睛被別人戳中都是**很痛苦的**一件事，但我們可憐的鱷魚老兄不太可能因此就**痛哭流涕**。人類是唯一會因為**傷心**或者任何情緒而流淚的生物。

所以，鱷魚不會因為覺得難過而哭泣。無論牠們多想哭，牠們都做不到。

不過，你或許聽別人說過，某些人「**流下了鱷魚的眼淚**」。這句話的意思是指**那個人是在假哭**，也就是假裝難過。就像你狡猾的弟弟為了能吃更多**巧克力，就假裝**你偷走了他的最後一塊巧克力一樣。

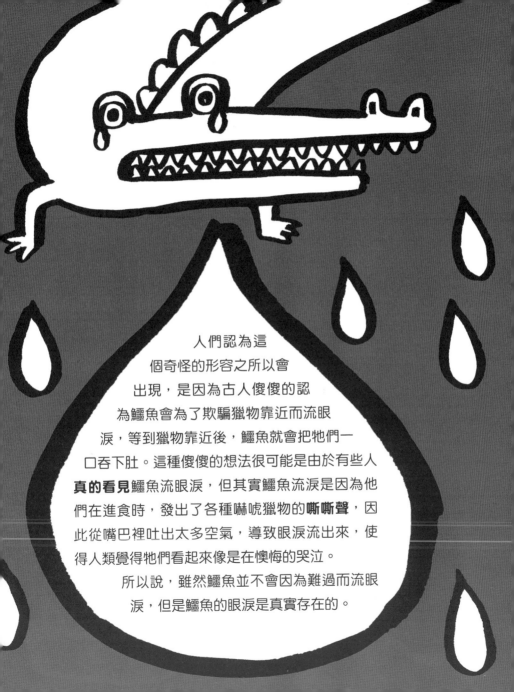

人們認為這
個奇怪的形容之所以會
出現，是因為古人傻傻的認
為鱷魚會為了欺騙獵物靠近而流眼
淚，等到獵物靠近後，鱷魚就會把牠們一
口吞下肚。這種傻傻的想法很可能是由於有些人
真的看見鱷魚流眼淚，但其實鱷魚流淚是因為他
們在進食時，發出了各種嚇唬獵物的**嘶嘶聲**，因
此從嘴巴裡吐出太多空氣，導致眼淚流出來，使
得人類覺得牠們看起來像是在懊悔的哭泣。

所以說，雖然鱷魚並不會因為難過而流眼
淚，但是鱷魚的眼淚是真實存在的。

你知道嗎？
科學家發現蝴蝶會喝
鱷魚的眼淚喔！

在不久之前，在哥斯大黎加有人發現一隻蝴蝶和一隻蜜蜂停在一隻**凱門鱷**（一種小鱷魚）的鼻子上……**喝著鱷魚的眼淚**。凱門鱷在接下來的 15 分鐘裡，動也不動，像一根木頭一樣，讓口渴的蝴蝶與蜜蜂大口暢飲。

事實上，雖然鱷魚不會因為情緒而哭泣，但牠們和許多動物在眼睛周圍都會有**管線**，就像人類的淚腺一樣。這種管線會**分泌水分**，使鱷魚的眼睛保持**濕潤**，把**塵土**洗掉。

鱷魚的眼淚就像人類的眼淚一樣，裡面含有許多**鹽分**，而蝴蝶時常因為只吃花蜜而缺乏鹽分。所以，對缺乏鹽分的蝴蝶來說，每隔一陣子吃一些「鱷魚的眼淚」是補充鹽分的好方式。當然了，前提是鱷魚**趴著不動**的時間夠長，又或者鱷魚被鉛筆戳到了眼睛。

說到鉛筆……

如果你用普通的鉛筆畫一條線的話，這條線會有多長？

A 直到你家那條街道的盡頭

B 直到離你家最近的超級市場

C 直到日本沖繩

D 環繞世界一圈再回到你開始畫線的地方

鉛筆的筆芯其實不是用鉛做的，而是**黏土與石墨的混和物**。石墨是一種由碳組成的堅硬物質，煤和鑽石也都是由碳組成的。在石墨中，碳原子會形成**片狀的結構**。這些片狀的結構會使得石墨變得非常滑溜。當你用鉛筆劃過粗糙的表面（例如紙張表面）的時候，紙張與鉛筆之間的**摩擦力**會使得一些非常薄的片狀碳原子**分離開來**，**黏在紙張的纖維上，留下銀色的線條。

鉛筆的筆芯中有**數十億個碳原子**，每次你寫字時，只有**一點點**碳原子會留在紙張表面上。

事實上，鉛筆留下的痕跡有時只有**數千分之一公分的厚度**。也就是說，那枝鉛筆可以一直寫字直到永遠。好吧，可能不到永遠啦，但是一定可以寫很長一段時間。

根據估計，一枝鉛筆可以寫出 **4 萬 5000 個英文單字**（足夠用來拼湊出一篇超級長的歷史論文），或者可以畫出一條長達 **55 公里**的線。我們測試過這個數字了，最後只畫到 30 公里，鉛筆就斷掉了。30 公里也很不錯囉！

很顯然的，我提出的其中幾個答案選項會因為你的**居住地點不同**而代表不同的距離。我住的地方距離當地的超市很近，只要走一小段路就到了，而有些人可能住在**郊外**，必須騎腳踏車或搭車才能買到你最喜歡的一盒冰淇淋。但是，我應該可以假設多數人能在離家30公里的範圍內找到一間超市。

答案是 B。

如果你用一枝普通的鉛筆畫一條線的話，這條線將能抵達離你最近的一間超市。

你應該很難找到一枝鉛筆能把一條線畫到沖繩去。就算你住在最靠近沖繩的三貂角也一樣。

不過，全世界**最大的鉛筆**有 20 公尺高，**那枝鉛筆**或許可以讓你把線畫到沖繩。但首先你必須先把那枝**巨大的鉛筆**從馬來西亞的製造工廠放進飛機裡，運到這裡來。接著，就算你真的把鉛筆運到**台灣**了，你可能也必須在海底畫線才能把這條線畫到日本去。但奇妙的是，在海底畫線本身其實並沒有問題。事實上，鉛筆是一種非常聰明的工具，就算在**水底下**也能寫字。你甚至可以用鉛筆在**外太空**寫字！

就算在**零重力**的環境中，從鉛筆上脫落的片狀石墨依然能黏在粗糙的表面上。

不過，鋼筆就不能在外太空使用了，這是因為外太空沒有重力能**把墨水拉進筆尖**。你可以拿一支鋼筆，上下顛倒寫寫看。因此，太空人一直以來都只使用鉛筆寫字，直到 1985 年有人發明了**加壓**的「費雪太空筆」。在那之後，太空船上就禁止使用鉛筆，**因為木頭很容易在太空船的純氧環境中著火。**

鉛筆畫出來的痕跡不但超級薄，而且只要沒人把筆跡**擦掉**，它就能**固定**在紙張上長達 **10 年以上**。

在發明橡皮擦之前，人們若想把寫錯的字擦掉，會使用哪一種**非比尋常**但非常實際的東西呢？答案是**麵包屑**！只要用麵包屑大力的**摩擦**紙張表面，就會產生熱，接著麵包屑就會**變黏**，把石墨的痕跡從紙上**黏起來**。現代的橡皮擦也是使用類似的原理。

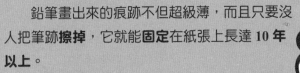

使用鉛筆時，最令人煩惱的一件事就是鉛筆會不斷變短，對吧？就連你最喜歡的幸運鉛筆也會不斷縮小，最後會小到你沒辦法握在手中，因此再也無法使用。

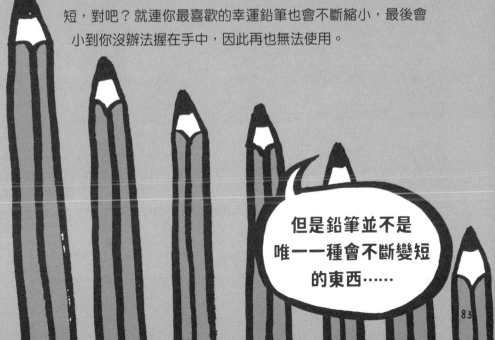

但是鉛筆並不是唯一一種會不斷變短的東西……

下列何者會變得越來越短？

A 一天

B 一年

C 地球與月亮之間的距離

D 西西里島的埃特納火山

如果每天的**時間**都能變得更長一點的話，豈不是太棒了嗎？真希望每天都能多幾分鐘能讓你玩《當個創世神》，或者在花園裡把那個巨大的洞挖完。國外有些地方會有**夏令時間**[1]，當夏令時間結束時，早上就會**多出一個小時**可以躺在床上賴床，或者執行祕密任務。不過，在隔年春年來臨時，他們就必須和多出來的那一個小時說再見了。

如果每天都變得更長一點的話，豈不是棒極了嗎？要是我們永遠也不用把多出來的時間還回去那就更好了。事實上，這件事現在就在發生喔！每一天都會比前一天還要**更長一點點**。

每天增加的長度累積起來，經過一百年之後，一天的長度將會增加**千分之二秒**，這段時間短到沒辦法拿來做任何有用的事，不過這是一件**正在發生的真實事件**。而且每天的長度會不斷增加，直到永遠。

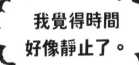

我覺得時間好像靜止了。

---

1 Summer Time，又稱為日光節約時間。有些地方因為季節不同導致太陽升起和西沉時間有明顯差距，為了節省能源因而訂定。在比較早天亮的夏天調快一小時，充分利用日照光源。每個國家採納的規定也會有所不同。

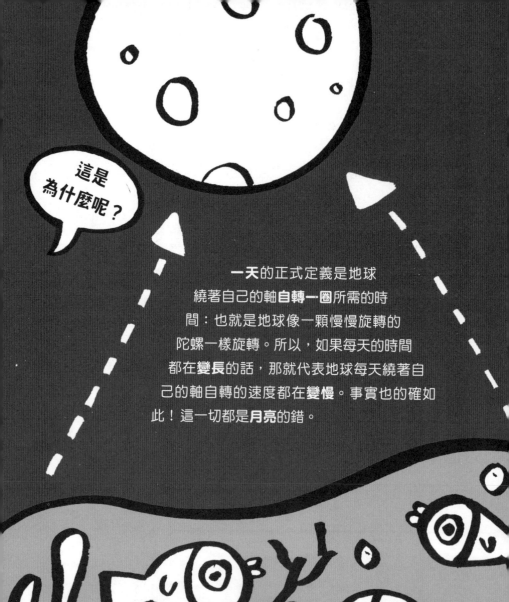

這是為什麼呢？

一天的正式定義是地球繞著自己的軸**自轉一圈**所需的時間：也就是地球像一顆慢慢旋轉的陀螺一樣旋轉。所以，如果每天的時間都在**變長**的話，那就代表地球每天繞著自己的軸自轉的速度都在**變慢**。事實也的確如此！這一切都是**月亮**的錯。

你可能知道**地心引力**會把月亮往**地球**的方向拉，使得月亮繞著我們轉圈，不會飛到外太空去。但是，你知道月亮的地心引力也會**拉住地球表面的東西**嗎？由於這種拉力非常**微弱**，所以我們感覺不到，但是這種拉力會影響一些能夠**自由移動**的物體，例如**水**，或者也可能會影響到**果凍**。你不會注意到一小桶水或者一座大型游泳池的移動有什麼改變。但是月亮的拉力能對**海洋**這種體積龐大的水體產生很大的影響，導致某些地方的海水往月亮的方向**突起**。

這種海水的突起會導致**潮汐**。你有在**退潮**的時候**在海邊散步**過嗎？有時候，若你走了一段距離再從原路往回走，你會發現調皮的海水已經**嘩啦啦的淹沒**海灘了，你只能**爬過一塊又一塊石頭**才回得了家。下一次遇到這種事的時候，你就知道全都要**怪在月亮的頭上**了。

現在，月亮繞著地球公轉的速度，比地
球繞著自己的軸自轉的速度還要**慢**。也就是說，
月亮總是**稍微落後**地球一點，使得月亮看起來就像
是在天空中**倒退**一樣。因此，月亮的地心引力一直
在把**海水往後與往上拉**，創造突出的「**漲潮**」。簡直
就像月亮會在地球不斷往前轉動的同時，把海水往
後**抓到**地面上一樣。由於海水在突起時會拖住海
底，因此海水和海床之間的**摩擦力**會導致地球
稍微**變慢**一點點。

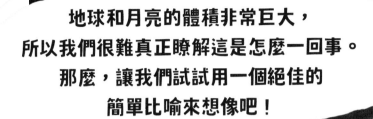

地球和月亮的體積非常巨大，
所以我們很難真正瞭解這是怎麼一回事。
那麼，讓我們試試用一個絕佳的
簡單比喻來想像吧！

你有做過陶罐嗎？
就是在轉盤上做的那種？
我們在製作陶罐時會使用**製陶
轉盤**。一開始，陶土會被放在不斷旋轉
的轉盤上，看起來就像一團**滑溜黏糊
的棕色團塊**。若想把這個團塊做成
陶罐，必須一邊旋轉轉盤，一邊
把雙手放在團塊的邊緣。理論上
來說，這麼做能把**看起來像
馬鈴薯的陶土**轉變成形狀美
麗的陶罐，在實際製作時，你
會發現這其實**很困難**，到最
後你很可能會滿臉都是**棕色
的黏土**，而且那些黏土很可
能也會噴到牆上。

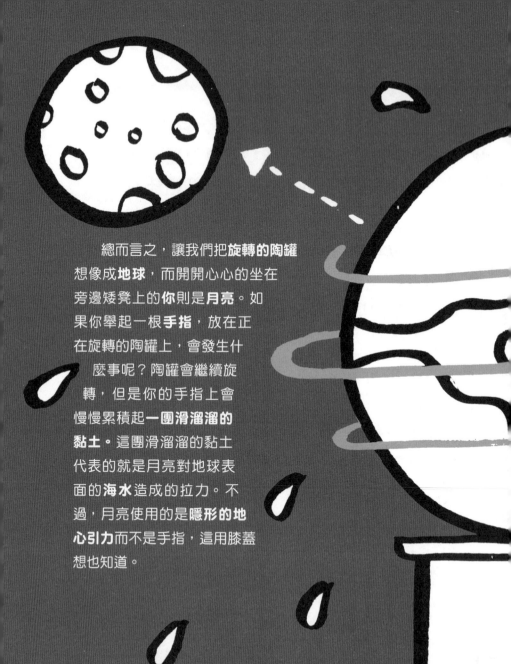

總而言之，讓我們把**旋轉的陶罐**想像成**地球**，而開開心心的坐在旁邊矮凳上的**你**則是**月亮**。如果你舉起一根**手指**，放在正在旋轉的陶罐上，會發生什麼事呢？陶罐會繼續旋轉，但是你的手指上會慢慢累積起**一團滑溜溜的黏土**。這團滑溜溜的黏土代表的就是月亮對地球表面的**海水**造成的拉力。不過，月亮使用的是**隱形的地心引力**而不是手指，這用膝蓋想也知道。

現在陶罐的轉盤正在旋轉，而你的手指將會使得陶罐的旋轉速度稍微**變慢**。這是因為黏土之間有摩擦力，所以，當你的手指下累積出了一團黏土之後，這團黏土會**摩擦**底下的陶罐。由於陶罐必須**更努力**才能繼續旋轉，所以它會**失去一些能量**，速度就會**變慢**。同樣的，月亮的地心引力會把海水**往後拖**，使海水與沙質的海床之間出現**摩擦力**。因此，地球也會**失去一些能量**，使得轉動速度**稍微變慢一點點**。

陶罐的轉動變慢時，它失去的一些**能量**會跑到你的手指上，使你的手指變得有一點**熱**。同樣的，在地球變慢的時候，**月亮的能量會增加**。月亮會利用這些額外的能量**增加公轉軌道的高度**，而月亮公轉的軌道會距離地球**更遠一點點**，因此變得更大一點點。也就是說，月亮正在以非常緩慢的速度**一邊旋轉一邊遠離地球**。事實上，月亮的**公轉軌道每年會增加 4 公分**，和你**長指甲**的速度一樣。這個速度一點也不快。

地球正在不斷變慢，月亮的距離則正在不斷變遠，而一天的時間正在不斷變長。不過這些改變都很小，以這個速度來說，大約要花 **330 萬年**，一天才會增加一**分鐘**！這麼短的時間，連賴床都不夠。

現在你已經知道每天都會變長一點了，那麼你可能會覺得**每年**應該也在不斷變長吧！不過，一年的定義是地球繞著太陽公轉一圈的時間，而這個時間其實並沒有改變。所以，一年的時間一直是**同樣的長度**。但是，由於每一天的時間都會**變長**，所以每年的**天數都會逐漸減少**。根據科學家的估算，在 3 億 5000 萬年前，一年的天數應該是 **385 天**，幾乎比現在的一年還要多了 20 天！但是，當時每天只有 23 個小時。

讓我們回到一開始的問題吧！如果一天的長度、一年的長度、地球和月亮的距離都沒有變短的話，那到底是什麼在變短呢？剩下的唯一一個答案就是可憐的埃**特納火山**了。

這座火山正變得越來越矮嗎？

在義大利東方海岸外有一座島，名叫**西西里島**，埃特納火山是這座島上最活躍的**火山**。科學家最近發現這整座火山正在不斷**移動**！埃特納火山正在**慢慢滑向海中**。

簡直就像火山想要泡水清涼一下。埃特納火山的移動速度並**不快**，每年只有 **14 毫米**，就最懶惰的蝸牛都比它還快。埃特納火山會移動可能是因為它位於**軟質的岩床**上，就像**比薩斜塔**一樣。

雖然埃特納火山**下降**並不是一件需要擔心的事，不過，這是我們第一次有機會能觀察一座正在移動的**活火山**，真是刺激！

順道一提，會影響地球轉動的不只是月亮而已。在過去的冰**河時期**或如今的**全球暖化**造成**海平面**改變時，地球的轉動也會受到影響。此外，**地震**也會造成影響。2011 年，日本的一場地震使得部分地殼稍微**向內**移動，往地球的中心靠近了一點點。這樣的改變使地球的速度略微**變快**了一點，就像溜冰選手在轉圈時，若把手臂往身體**收回來**，會使旋轉的速度變得**更快**。

答案是 D。
埃特納火山正不斷往下朝著海洋滑動，所以正變得越來越矮。

94

這場巨大的地震使得**一天的長度縮短了**百萬分之一點六秒。這樣的影響遠遠比不上月亮對一天的長度帶來的影響，不過已經足夠被原子鐘偵測到了。

如果你找來很多很多朋友和你同時跳起來的話，有沒有可能會製造出夠大的地震，讓地球轉動得更快呢？

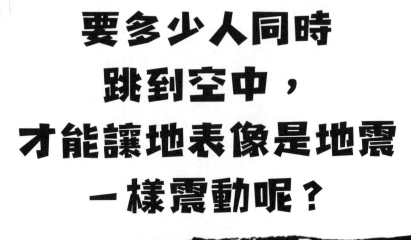

要多少人同時
跳到空中，
才能讓地表像是地震
一樣震動呢？

2016 年 2 月，萊斯特大學有一群**地質學系**學生，決定要在當地的小學裡面安裝一些**地震偵測**裝置。他們計畫要用這些裝置配合大學實驗室中的設備，測量出地球的**震動狀況**。幾天後，他們驚訝的發現裝置偵測到意料之外的**地面震動**，也就是**地震活動**。雖然這些學生不太確定**為什麼**會發生這種事，但他們認為這大概是自然出現的小型**地面微震**。

不過，其中一位地質學家在這個時候注意到了一件怪事。這次**微震發生的時候**，距離學校大約半公里外的體育館正好在舉行**足球比賽**。她更仔細的觀察這些資料，發現這些地面微震發生的**那一刻**，萊斯特城足球隊的選手李奧納多・烏路亞正好在最後一分鐘的**關鍵時刻**踢進了一球，使球隊由敗轉勝。烏路亞踢進的這一球讓觀眾全都**激動極了**，他們全都**同時跳起來**，開心的大吼大叫。在他們一起降落在地面上時，地球因此震動了。

我們通常會用**芮氏地震規模**來表示地震的搖晃程度有多大，而這些球迷製造出的**震動**是芮氏 0.3 級。

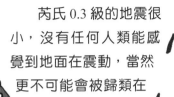

芮氏 0.3 級的地震很小，沒有任何人類能感覺到地面在震動，當然更不可能會被歸類在真正的地震中。不過，這次地震**確實發生**了。

隔年，西班牙也發生了類似的事件，這一次的**體育館**比上一次還要**大很多**。這場比賽是巴塞隆納隊對上巴黎聖日耳曼足球隊（簡稱 PSG）的冠軍聯賽，比賽的地點是巨大的諾坎普足球場，也是巴塞隆納隊的主場。諾坎普足球場能容納 **10 萬人**，人數是萊斯特體育館的三倍。

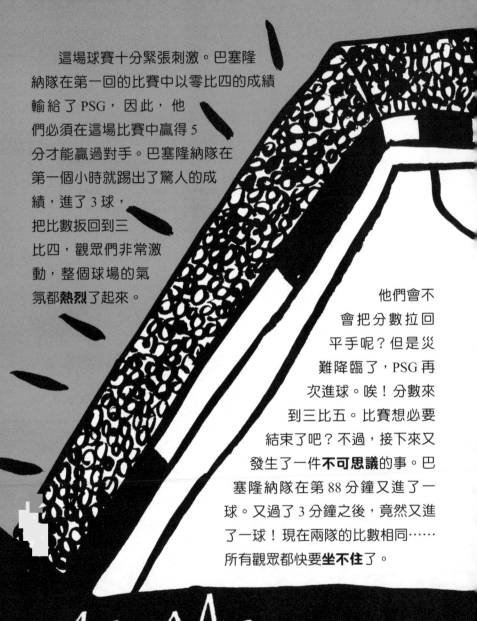

這場球賽十分緊張刺激。巴塞隆納隊在第一回的比賽中以零比四的成績輸給了PSG，因此，他們必須在這場比賽中贏得5分才能贏過對手。巴塞隆納隊在第一個小時就踢出了驚人的成績，進了3球，把比數扳回到三比四，觀眾們非常激動，整個球場的氣氛都**熱烈**了起來。

他們會不會把分數拉回平手呢？但是災難降臨了，PSG再次進球。唉！分數來到三比五。比賽想必要結束了吧？不過，接下來又發生了一件**不可思議**的事。巴塞隆納隊在第88分鐘又進了一球。又過了3分鐘之後，竟然又進了一球！現在兩隊的比數相同⋯⋯所有觀眾都快要**坐不住**了。

雖然芮氏 1.0 的地震還不夠大，無法讓任何人感覺到羅伯托造成的地表移動，不過這絕對足以被紀錄成「微震」了。

進球！

因此，當巴塞隆納隊的塞爾吉·羅伯托在第 95 分鐘踢進了**最後一球**時，觀眾全都欣喜若狂。他們見證了足球史上最精彩的一次**逆轉勝**，全都不可置信的**跳到空中**，而足球場半公里之外的地震科學研究所的科學家在這個時候偵測到了芮氏規模 1.0 的**地表震動**。

答案是 C。

只要有 10 萬人同時跳起來，就能讓地表像地震一樣震動。

芮氏規模 1.0 的**微震**其實是一件很普通的事。事實上，這種地震每年都會發生數百萬次。地震的規模至少要達到 3.0 才能真正被人類**感覺到**。規模 3.0 的地震發生時，你會感覺到地面在輕輕震動，媽媽在客廳擺滿了各種裝飾品的櫃子也會嘎嗞嘎嗞的抖動……而你家的小狗可能會因此嚇壞了。

我們能靠著跳躍製造出芮氏規模 3.0 這麼大的地震嗎？

芮氏規模是一種很有趣的老舊測量標準。芮氏規模每上升一個數字，地面震動的強度就必須**增加 10 倍**。這種計算方式叫做**對數演算**。也就是說，想要從規模 1.0 上升到能夠震動裝飾櫃子的規模 3.0 的話，地板震動的程度必須比巴塞隆納足球比賽時還要**強烈100 倍**。也就是說，我們必須找到 **1000 萬人**同時跳起來，才能辦得到！

全台灣大約有 2300 萬人。所以，如果你能想到方法讓**全台灣**的人**同時**跳起來的話（我不知道要如何達到這個目標，不過我很樂見你嘗試看看），我們一定會感覺到地表在**震動**。好吧，事實上我們沒辦法感覺到，因為我們當時正在跳，不過你懂我的意思啦！

多數大型地震的規模
都會超過芮氏 **6.0**。這些地震的搖晃
程度比規模 3.0 的地震還要**強烈 1000 倍**。
這種嚇人的地震會使地表**劇烈**晃動，對建築
物造成**嚴重損傷**。根據我的計算，**理論上來說**，
若有 **100 億人**同時跳起來的話，就能造成這樣的地
震。不過 100 億人已經超過**整個地球上**的總人口數
了！那麼，如果我們能讓地球上的所有**動物**也一起
跳起來呢？好吧，這個想法有點蠢。但是，說真
的，地球上有好多好多馬。如果牠們全都跟我
們一起跳起來呢？到時候，我們就會得到
許多跳跳馬！哈哈。好啦，抱歉，
不說冷笑話了。

地震的時候，造成損害的通常並不是不斷搖晃的地表，而是倒
塌的建築。在日本有一位建築師，想出了一個出乎預料之外的解決
方法……

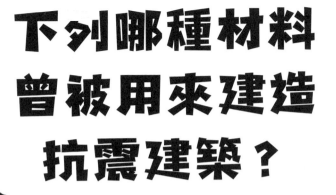

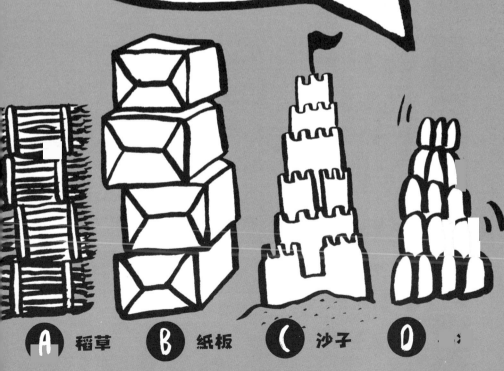

你有沒有注意過，每當地震發生時，**倒塌**的建築物有時候並不是你覺得可能會倒塌的房子呢？舉例來說，有時候地震會使得**中等尺寸**的建築倒塌，但比較矮小的建築或摩天高樓卻能穩穩的站在原地。好像有點**奇怪**，對不對？

事情是這樣的，有一些因素會影響一棟建築物會不會在地震時倒塌，其中之一是這棟建築物的**建築材料**，另一個因素則是這棟建築的**共振頻率**。共振頻率的意思是這棟建築物**比較喜歡每秒鐘震動幾次**。

等一下，
你的意思是說，
建築物喜歡
震動嗎？

> **頻率＝**
> **某一件事會在每秒**
> **發生多少次。**

只要遇到適當的時機，幾乎**所有事物**都會有自己喜歡的共振頻率，包括你家養的狗也一樣。例如每隻牧羊犬甩動身體時都會有特定的頻率。

這就是為什麼當你在公園替妹妹推鞦韆，她**每秒來回擺盪的次數會是一樣的**，不管你推的多大力都一樣。下次去公園時可以嘗試看看。你可以推她一下，然後開始計算她**盪回到你面前**要花多少時間，你會發現每一次來回擺盪的**時間**應該都**一樣長**。這就是鞦韆**比較偏好**的**擺盪方式**，你很難讓鞦韆用別種方式擺盪。

通常比較**高**或比較**長**的東西在搖晃或擺動的時候會花**比較長**的時間，所以每秒可以完成的擺動次數比較少，而比較短或比較小的東西正好相反。換句話說，比較高或比較長的東西擁有**比較低的共振頻率**。你有沒有注意過，大鐘的鐘擺來回擺盪一次的時間比較小的咕咕鐘長？

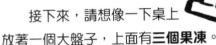

共振頻率＝
某個事物每秒鐘
自然震動或
擺盪的次數

接下來，請想像一下桌上
放著一個大盤子，上面有**三個果凍**。
其中一個是超級高的果凍，大概有**雨鞋**那麼高。另一個則是中等尺
寸的果凍，有**你的臉**那麼大。第三個則是無敵小的果凍，只有一顆
棉花糖那麼小。如果你稍微搖晃一下桌子，你可能會注意到最高的
果凍開始**緩慢的前後搖擺**，中等大小的果凍則十分高貴的**輕輕搖
動**，最小的果凍則像發狂一樣**迅速顫抖**。果凍就像鞦韆一樣，果凍
的高度越小，共振頻率就越高，他們搖晃的頻率也越快。

下次吃果凍的時候，別急著把湯匙放進口中，你可以先觀察果
凍在湯匙上晃動的速度有多快。接著，如果你小心的把果凍的盤子
拿起，緩慢的前後搖晃，你會找到一個**搖晃節奏**能和大果凍**喜歡的
搖晃頻率互相配合**。大果凍會慢慢晃得比之前還要更**大力**。這是因
為頻率相同的時候，果凍就可以從你晃
動盤子的動作中獲得能量，開始**真正的**
移動了。這個現
象叫做**共振**。

倫敦的千禧橋就是因為共振現象而暫時關閉的。當人們走在千禧橋上的節奏剛好和千禧橋原本喜歡的晃動節奏相同時，千禧橋就會獲得能量，開始**共振**，並**非常大力的左右晃動**，最後政府只好暫時停止使用千禧橋。

那麼，**地震**時發生的事又是怎麼回事呢？地震會使地面不斷前後震動與擺盪，就像你搖晃果凍的盤子一樣。而地面**震動的頻率**則取決於這個地面是由**哪一種岩石**組成的。**硬質的岩床**通常會以比較高的頻率震動，而**軟質的沉積物**則會以比較低的頻率震動。而建築就像果凍一樣，**高的建築**搖動的頻率比較低，**矮的建築**搖動的頻率則比較高。所以，如果地震搖晃地面的**頻率**，和地面上的建築物**喜歡晃動的頻率相同**的話……

砰！

這些建築就會獲得非常多能量，開始瘋狂的搖擺，直到牆壁破裂並倒塌到地面為止。

由此可知，當岩石喜歡以**中等**的頻率搖晃時，就會在地震的時候導致**中等高度**的建築崩塌，所以比較小的建築和摩天大樓全都**不會有事**！

因此，想要保護建築物不會在地震崩塌的話，其中一個方法就是確保建築物的**自然搖晃頻率**（也就是共振頻率）和**建築物底下的岩石擁有的共振頻率是不一樣的**。

另一個很重要的影響因素是建築物的**建築材料**。你可能會覺得像水泥這種**堅硬**的材料最適合拿來當作建築材料。但是，事實並非如此。雖然水泥的確很強壯，但是水泥也很**沉重**，它們不擅長應付搖晃。這是因為沉重的事物通常會有很大的**慣性**，也就是說它們不喜歡**移動**，不過一旦開始移動了，就很難停下來。就像正在玩滑板的犀牛一樣。

所以，一旦沉重的水泥建築物開始搖晃後，它們會搖晃的很大力，而且很難停止。除此之外，如果水泥建築倒塌了，也會造成很嚴重的損害。

喔耶！

我可不會想要擋在玩滑板的犀牛面前，你呢？

在遇到地震時，**最安全的材料應該要具有一點彈性**，例如**木頭**。雖然木頭看起來不像有太多彈性的樣子，但是，只要你把磚頭和木頭往牆壁上丟，你就會看出差別了。哪一個會造成比較大的傷害呢？除此之外，你或許也會注意到，你可以在樹枝上彈跳。

木頭地板能夠**伸縮**並**吱嘎作響**，而木頭牆壁也會。這代表了木頭建築**在倒塌之前**可以承受的搖擺與晃動比水泥建築還要多很多。就算木頭建築真的倒塌了，木頭牆壁也會**吸收更多地震的能量**，因此在倒塌時造成的損傷也會比較少。

你比較希望一塊磚頭掉到你頭上，還是一塊木頭掉到你頭上？答案是兩個都不要最好。這是用膝蓋想也知道的事吧。

但是，我們還能找到比木頭更好的材料嗎？

2013 年，一位日本建築師的顧客請他設計一座**抗地震的教堂**。他決定要使用的材料當然就是……**紙板**。其實這位建築師本來就是以設計紙板建築而聞名全世界。他想出來的設計使用了 **98 個巨大的紙管**，上面塗了一層叫做**聚氨酯**（PU）的防水材料，並且使用木頭橫樑加強建築，並在最上面再搭起防水屋頂。這棟紙板教堂位於紐西蘭的基督城，**教堂的牆壁又輕又有彈性**，在遇到地震時絕對會比水泥還要安全得多。

具有彈性的紙板不但比水泥還**不容易**斷裂與倒塌，而且就算真的倒塌了，紙板對住在其中的人所造成的傷害也遠比水泥還要更小。這個瘋狂的紙板屋甚至還能防火和防雨，裡面能容納 700 人……而且根據預估，這棟建築至少能屹立不搖 **50 年**！

答案是 B。
建築師曾用紙板建造抗震建築。

由此可知，紙板遠比你想像的還要更強壯。

但是，**想像能讓你變得更強壯嗎？**

怎麼做能使你的肌肉變得更強壯？

A 想像你的肌肉

B 把肌肉畫成紅色

C 把肌肉泡進一桶冷水中

D 穿上超人的衣服

不久之前，有些科學家說服了一組志願受試者，在手臂上**打石膏一個月**。打上石膏後，這些受試者就不能移動手腕了，如果他們想要拉小提琴的話，一定會因此感到很懊惱。

科學家請其中一半的受試者每天花整整 11 分鐘的時間，在心中想像他們正在上下移動自己的手。

另一組受試者也在同樣的位置打上石膏，但科學家要他們不要想像自己正在移動手腕。

這組受試者想像的或許是花生醬吧，或者獨角獸。科學界把這種測試方式稱做**公平測試**。

一個月過後，科學家移除石膏，測量每一位
受試者的手腕肌肉強度。你**猜猜看**結果如何？
和想像「怪東西」的受試者比起來，
想像移動手腕的那組受試者
的手腕肌肉**強壯了
兩倍**。

答案 是 Ａ。

**想像你的肌肉有可能會
讓他們變得更強壯。**

這是不是代表，我們只要整個週末
都坐在電腦前玩遊戲，想像我們跑在邪
惡的外星人背後，就可以連屁股都不用
動，也不需要實際做運動，就讓我們的
大腿變得充滿肌肉呢？在你想像運動
時，**大腦中活躍的部位就和真正運
動時一樣**。不過，想像不太可能
讓你的肌肉**變得更大**。

那麼，這是怎麼回事呢？事實上，我們並不會頻繁使用身體中的每一個肌肉。舉例來說，當我們努力在彈簧跳床上試圖連續跳100下的時候，我們會努力使用小腿上的某些肌肉，但就是有一些小腿上的肌肉會動也不動的偷懶。也就是說，只要我們使用更多**本來就存在**的肌肉，就**有可能**變得比現在還要強壯。

　　想像我們在移動某些肌肉，其實就像是在**練習**使用這些肌肉的技巧。等到我們下次必須在彈簧床上彈跳時，我們就能使用更多本來就存在的肌肉，幫助我們跳得更高。真狡猾！頂尖的運動員時常使用這種**心理練習**技巧。

那泡冷水
會有用嗎？

　　　　　這個方法合理嗎？
　　　答案是：不合理。如果你希望讓肌肉變得更強壯，你最不該做的事就是把肌肉泡進一桶冷水中。你的肌肉很有可能會在變冷的時候變得**更虛弱**，這是因為在寒冷的環境中，**肌肉比較難獲得收縮時需要的氧**。把手臂泡進一桶冷水中，比較有可能使你的手臂更虛弱，而不是更強壯。

奇妙的是，「**穿上超人的衣服**能讓人變強壯」這個想法其實具有一絲真實性。但是請讓我提醒你，真的只有一絲絲真實性而已。在近幾年的一次實驗中，穿上了超人衣服的大學生**感覺**自己變得更強壯了。當科學家請他們舉重時，他們能夠舉起來的重量當然**不會**比平常還要多，但他們卻**認為**自己能舉起來的重量比平常多。超人衣服讓他們**感覺**自己變得**超級強壯**。

> 超人確實很強壯，但就算像超人這樣的英雄，也會在舉起又大又重的東西時汗流浹背，譬如舉起一隻犀牛的時候。

> 又或者超人其實不會流汗呢？你有認識不會流汗的人嗎？

> 真的，一滴汗都沒有！

下列何者能決定你會流多少汗？

A 你的耳垢（或稱耳屎）類型

B 你有幾隻腳趾

C 你的肚臍是不是凸起來的

D 你腋下的顏色

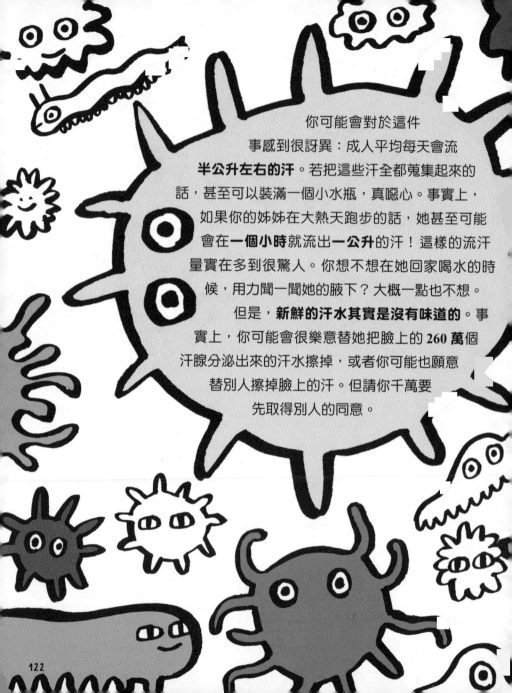

你可能會對於這件
事感到很訝異：成人平均每天會流
半公升左右的汗。若把這些汗全都蒐集起來的
話，甚至可以裝滿一個小水瓶，真噁心。事實上，
如果你的姊姊在大熱天跑步的話，她甚至可能
會在**一個小時**就流出**一公升**的汗！這樣的流汗
量實在多到很驚人。你想不想在她回家喝水的時
候，用力聞一聞她的腋下？大概一點也不想。
但是，**新鮮的汗水其實是沒有味道的**。事
實上，你可能會很樂意替她把臉上的 260 萬個
汗腺分泌出來的汗水擦掉，或者你可能也願意
替別人擦掉臉上的汗。但請你千萬要
先取得別人的同意。

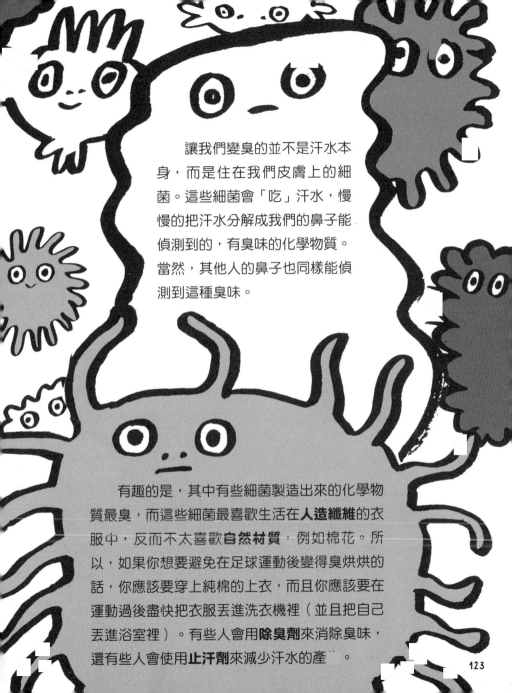

讓我們變臭的並不是汗水本身，而是住在我們皮膚上的細菌。這些細菌會「吃」汗水，慢慢的把汗水分解成我們的鼻子能偵測到的，有臭味的化學物質。當然，其他人的鼻子也同樣能偵測到這種臭味。

有趣的是，其中有些細菌製造出來的化學物質最臭，而這些細菌最喜歡生活在**人造纖維**的衣服中，反而不太喜歡**自然材質**，例如棉花。所以，如果你想要避免在足球運動後變得臭烘烘的話，你應該要穿上純棉的上衣，而且你應該要在運動過後盡快把衣服丟進洗衣機裡（並且把自己丟進浴室裡）。有些人會用**除臭劑**來消除臭味，還有些人會使用**止汗劑**來減少汗水的產……

但是，多數人不知道的是，**每個人的流汗量其實是不一樣的**。事實上，有一些人幾乎完全不會流汗，所以也幾乎**沒有臭味**，其中有些人可能使用除臭劑好多年，卻不知道自己其實不需要。

我們流的汗多寡有一部分是由**特定的基因**控制的。基因是一組**指令**，存在於我們身體的細胞中，基因會命令身體該怎麼做。這組特定的基因不但會影響我們的**皮膚**會流出多少汗水，也會控制其他地方的汗水多寡。包括**耳朵裡**的汗水。在我們的耳朵裡，汗水、**死掉的皮膚細胞**和其他化學物質會混和在一起，會形成什麼東西呢？

耳垢

大部分的歐洲人與非洲人的流汗基因，都會使他們製造出很多汗水，所以他們擁有**容易流汗的皮膚**與**黏黏的金棕色耳垢**。這種耳垢很方便，因為你可以在好好挖完耳朵之後，把耳垢黏在任何地方再藏起來。

　　不過，有 2% 的歐洲人與非洲人擁有**不一樣**的基因，他們流的汗比較少，擁有**乾燥**的、**片狀**的**灰色**耳垢。有趣的是，雖然歐洲人與非洲人很少擁有這種「少流汗乾耳垢」的基因，但這種基因在**東亞**卻很常見。

答案是 A。

耳垢的類型能決定你會流多少汗。

研究指出，許多乾耳垢的人因為一直以來都在使用除臭劑，所以**根本不知道**自己流的汗很少。他們很可能會因此誤以為自己使用的除臭劑很有效。不過，他們應該會注意到自己的耳垢是**片狀**的。

所以，在你的姊姊購買新的昂貴除臭劑之前，你可以建議她確認一下自己的耳垢類型。她可能會覺得你像在**說瘋話**，但你可以告訴她，如果她的耳垢是乾燥片狀的話，那麼她流汗的量其實很少，可以不用買除臭劑了。接著，你可以**張開雙腋**給她一個大大的擁抱。

你可能會想知道，有一種動物的汗水可以用在非常有趣的用途上⋯⋯

哪種動物能把汗水拿來當防曬油？

Ⓐ 大象

Ⓑ 狗

Ⓒ 河馬

Ⓓ 斑馬魚

流汗是讓我們降溫的絕佳方法之一。 當然了，另一個更棒的方式是脫掉所有衣服。

不過，
如果你人在參加派對的話，脫光衣服絕對不是個好主意。

你的身體上有數百萬個微小的汗腺。當你覺得熱時，這些汗腺會分泌出少量的**含鹽液體**到你的皮膚表面，通常是手臂下方、

腳和額頭等地方的汗會比較多。接著，**這些含鹽液體中的水分會蒸發**，水分利用你皮膚上的**熱能**轉變成水蒸氣。

在水轉變成水蒸氣時，你的皮膚會失去熱量，使身體降溫。

這就是為什麼你在做踢足球等劇烈運動時，如果用毛巾（或者更有可能是用你的袖子）**把臉上的汗擦掉**之後，你不會覺得比較涼快。把汗擦掉或許能讓你看起來比較體面，可以出席家庭晚餐，但若你**在汗水蒸發之前**就擦掉的話，你的身體就不會那麼快降溫了。下次你汗流浹背的坐到餐桌前吃晚飯時，就可以把這件事告訴媽媽了。

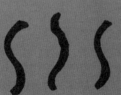

我們也可以直接透過皮膚散失熱量。當我們覺得熱時，為了讓身體降溫，在皮膚**表層運輸血液的血管**會變得**更寬**。這種變化能讓更多溫暖的血液在靠近皮膚表層的地方流動。我們可以用這個方法直接透過皮膚散失熱量，這個過程叫做**輻射散熱**，能讓我們降溫。如果你有認識的人皮膚比你更白的話，你說不定可以直接觀察到這個現象發生的過程。他們覺得熱的時候，皮膚會變得**更紅**，這就是因為**溫暖的紅色血液**在移靠近皮膚表層的地方流動。如果你和他們的**距離夠近**的話，你甚至能**感覺**到他們散發出來的熱量。

大部分**動物**變涼爽的方式和我們一樣，都是利用皮膚流汗與輻射散熱。但是問題在於，有些**大型**動物的**身體體積**很龐大，但相較之下，他們的**身體表面積**（也就是可以散熱的面積）卻很小。所以，他們很難使身體降溫。

這就是為什麼住在炎熱地區大型動物（例如駱駝）通常都**很瘦**。如此一來，他們才能擁有大面積的皮膚幫助降溫，同時又不會因為**皮膚底下的體積**太大而變得太熱。

但是，胖嘟嘟的大象該怎麼辦呢？

大象是地球上現存的生物中最大的陸生生物，而且牠們一點也不瘦。此外，他們的皮膚**又厚又粗**，如此一來他們才能穿越帶刺的灌木與樹木間。也就是說，他們**無法**透過皮膚**散失太多熱量**。

因此，大象必須**非常努力**才能保持**涼爽**。但是，**大象不能流汗**！牠們粗厚的皮膚裡面沒有任何汗腺，這讓降溫變得更加困難了。那麼，這些**不會流汗的龐然大物**到底要怎麼降溫呢？

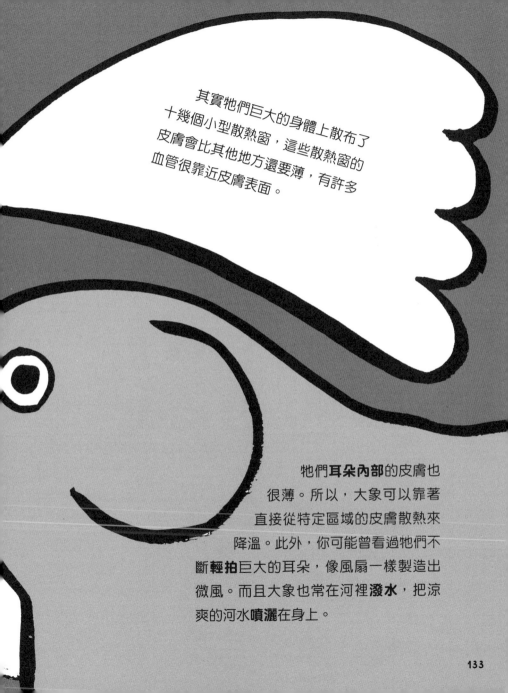

其實牠們巨大的身體上散布了
十幾個小型散熱窗，這些散熱窗的
皮膚會比其他地方還要薄，有許多
血管很靠近皮膚表面。

牠們**耳朵內部**的皮膚也
很薄。所以，大象可以靠著
直接從特定區域的皮膚散熱來
降溫。此外，你可能曾看過牠們不
斷**輕拍**巨大的耳朵，像風扇一樣製造出
微風。而且大象也常在河裡**潑水**，把涼
爽的河水**噴灑**在身上。

等等，我必須認罪。我剛剛說大象不能流汗，但這並不是**完全的正確**。其實大象擁有少少的幾個汗腺，分布的位置很奇怪，就在……**腳趾之間！**

但這些位於腳趾間的汗腺用處不大。話說回來，大象並不是唯一一種腳趾有汗腺的動物。

狗（以及大多數毛茸茸的動物朋友）只能從身體上沒有被毛覆蓋的皮膚流汗，換句話說，基本上他們只能從鼻子和腳趾，也就是從腳掌上的肉墊流汗。

厚厚的毛皮可以保護狗不被陽光的紫外線曬傷。

從腳掌的肉墊流汗並不是一個**有效率**的散熱方式，但是你可能早就知道**很熱的狗**會怎麼做了：熱狗會在身上擠滿芥末醬。這笑話真爛。狗散熱時會吐舌**喘氣**，狗可以用又溼又長的舌頭讓口水**蒸發**，口水在變成水蒸氣的過程中會帶走一些熱量，就像我們的汗水在皮膚上帶走熱量一樣。

接著，我們來看看河馬。**河馬**是少數身上沒有長滿毛的陸地生物。如果你每天都要花一半的時間，**懶洋洋的泡在泥濘和水池中的**話，你還會想要穿著毛皮大衣嗎？大衣上的毛一定會溼答答的，又打結，而且可能還永遠也乾不了！

所以，河馬演化成沒有毛的生物是很合理的一件事。不過，這也就代表可憐的河馬老兄非常容易被曬傷。而且河馬通常都住在**陽光很強烈**的地方，曬傷對牠們來說是很嚴重的問題。

為了解決這個問題，河馬演化出了非常聰明的方法，**能保護自己不被紫外線傷害**。牠們會流汗，而且是**非常多汗**。不僅如此，還是紅色的汗。**紅色的？**其實比較接近橘紅色。而且這些汗水的顏色很明顯，導致古代的希臘人以為河馬會在流汗時**流血**。

嚴格來說，這些紅色的液體其實並不是汗，而是包含了兩種化學物質的油脂，這兩種化學物質的名字非常有趣，就叫做**河馬汗酸**與**正河馬汗酸**。這些酸性物質在剛分泌出來時是**透明的**，但暴露在陽光下沒多久後，前者會變成**紅色**，後者則會變成**橘色**……而這兩種物質混和在一起之後，可以有防曬的功效！紅色的物質還有抗菌的效果，能防止壞脾氣河馬身上的許多割傷與擦傷（這些傷口通常都是河馬互相打架導致的）受到感染。

答案是 C 。

河馬會拿汗水當作防曬油。

　　河馬身上有**奇怪顏色**的不只是汗水而已，牠們的奶水也是如此。紅色與橘色的酸和白色的**奶水**混和在一起之後……讓奶水變成了**粉紅色！**你知道嗎？一杯粉紅色的河馬奶中含有的**鈣質**比一個**起士漢堡**還要多喔！河馬就像其他哺乳動物一樣，會用超級營養的奶水餵養牠們的寶寶……有時候河馬寶寶是**在水下出生的**。水下的寶寶看起來可愛極了。

　　河馬並不是唯一一種因為沒有毛而演化出聰明防曬方法的動物。其實，並不是只有**陸生動物**需要保護，就連住在**深深的藍色大海中**的生物也會受到太陽紫外線的傷害！

等一下……在我們討論被曬傷的魚之前，我想先問問你有沒有想過為什麼大海是藍色的呢？

大海為什麼是藍色？

C 因為海裡有藍色浮游生物

B 因為大海會吸收比較少藍色光線

A 因為裡面住了許多藍鯨

因為大海會反射天空

你是否曾在某些廣告手冊上的照片中，看到有人在**國外**的白色沙灘上做日光浴，背景則是晶瑩剔透的藍色大海呢？你可能會心想：「為什麼他們可以去度假？我什麼我不能去？真是不公平！為什麼我必須上學？」但是，你有沒有想過：「為什麼海是**藍色的？**」好吧，可能沒有。但是你仔細想想看，為什麼大海偏偏是藍色的呢？我覺得藍色看起來**感覺好冷**喔！

　　大海是藍色的原因和照射在海上的陽光有關。陽光是一種光波，而不同的光波會位於**光譜**中的不同區域。陽光的光譜是**電磁波譜**的一部分，電磁波譜中有許多種**波長**不一樣的波，其中一端是無線電波和微波，另一端則是 X 射線與伽馬射線。陽光的光波主要是由電磁波譜的中間那一段所構成的，叫做**可見光**。

　　雖然陽光通常看起來像是偏黃的白色，但其實裡面**混合**了許多種不同的顏色。在晴天下雨時，我們可以在陽光穿透**雨水**的時候看見這些顏色……白色的陽光會分開來，變成一道美麗的**彩虹**。

我曾聽說在氣候**炎熱的國家**中，大型**瀑布**旁邊常會出現彩虹，這是因為瀑布旁的空氣中有許多**小水滴**，天氣又非常**晴朗**。我決定要親眼目睹這個景象，所以前往景色壯觀的伊瓜蘇瀑布，那裡有許多不可思議的瀑布分布在巴西與阿根廷的國界，這些瀑布組成了一個全球最大的瀑布群。我在那裡看到**無數美麗的彩虹**，非常開心。我甚至還看到了一些**雙層彩虹**與**三層彩虹**呢！

讓我們回到原本的話題吧！在可見光的光譜中，如果我們越過紅色光的話，就會來到電磁波譜中的無線電波區域，我們把這裡稱做**紅外線光**。

雖然我們看不到紅外線光，但我們能感覺到光散發的熱，這正是我們會**感覺到**太陽熱度，以及熱的東西會**發出紅光**的原因。比如烤士司機。

只有特殊的攝影機才能偵測到紅外線光，我們可以利用這種攝影機在黑暗中「看見」有溫度的東西：很適合你用來晚上**偷偷監看**家裡的狗。

士兵會利用紅外線眼鏡在晚上前進。

在可見光的另一端，也就是越過藍光的那一端是**紫外線光**，又稱做 UV。紫外線會使我們曬傷，並傷害我們的身體。這可不是什麼好事。但是，紫外線同時也可以用來傳遞**祕密訊息**！有些物質不會在普通的光線下出現，只用紫外線照射時，這些物質時才會**發光**，所以我們可以把這些物質拿來當做**隱形墨水**。隱形墨水可以拿來製作有趣的萬聖節裝扮，不過，前提是你要去的地方有紫外線燈才行。

做記號

如果你沒有任何隱形墨水的話，你也可以選擇使用……

狗尿。由於狗吃的肉類食物中有很多**蛋白質**，所以狗的尿液會在紫外線的照射下發光。我可不是在建議你用狗尿塗滿你的萬聖節服裝！但你可以在**緊急時刻**把狗尿當作隱形墨水。

那麼，這些知識和海的顏色有什麼關係呢？由於海水會**吸收**陽光，所以陽光的其中一部分會在進入大海之後逐漸**消失**。這就是為什麼你越往海底下前進，環境就越是**一片漆黑**。但奇怪的是，海水吸收光譜中的不同光波時，會吸收**不一樣的量**。海水會吸收最多的**紅光**與紅外線光。

因此，多數的**藍光**與**紫外線光**會進入**更深**的海水中，或者在水中往四面八方**散開來**。也就是說，許多藍光會從海水中反彈出來……並直接抵達你的眼中。**這就是為什麼大海是藍色的！**這也是為什麼你往越深的海底前進，就會看到**越深的藍色**。

沙子與**淤泥**等粒子也會影響海水的顏色。在某些地方，由於海水中有許多被稱做浮游植物的**黏黏綠藻**，使得海水看起來像是美麗的土耳其藍色。所以，下一次你又開始羨慕那些在**天堂般海邊度假**的人時，別忘了他們在游泳時，其實正泡在黏液中。

答案是 B。

**海水會是藍色的是因為海水會吸收
比較少藍光，比較多紅光。**

藍光可以進入非常深的海底，由此
可知，就算你往水底下潛了數公尺之後，依然會暴
露在陽光的有害紫外線中。事實上，只要你還能看得
到光，就很可能會有紫外線的存在。換句話說，就算
你在**水底下**游泳，你也一樣可能會被曬傷！魚也跟你
一樣會被曬傷。

身上充滿條紋的小**斑馬魚**想出了一個很有效的解決方法。牠們會
分泌一種名為 gadusol 的化學物質，可以用來防曬，就像我們先前提
到的河馬的汗水一樣。科學家認為，還有其他種類的魚和海膽身上有
類似的防曬化學物質，甚至還有一些鳥和爬蟲類也有。科學家希望未
來有一天，我們可以製造出含有這種**魚類防曬化學物質的藥丸**，讓
人類吃了之後……可以自己產生防曬油！是不是**很厲害**呢？說
不定未來我們再也不需要在去海灘之前，先在身上抹一層
厚厚的白色乳膏了。

但是在這項發明出現之前，請務必記得擦防曬喔！在戶外**游泳**時尤其不能偷懶。很多人都不知道，光是坐在海灘上堆沙子城堡或把狗埋進沙子裡，就已經很容易曬傷了，但游泳其實更容易曬傷。這是因為你的皮膚就在**水面上**，不但會有**直接**來自正上方太陽的紫外線，還會有一些並**沒有照到你**的紫外線進入周遭的水中，接著**往四面八方彈出**水面……然後照射到你的身上，形成**雙重攻擊**！所以，浮潛時請特別注意你的背後。不只是因為煩人的弟弟會用水潑你，也因為背後很容易曬傷。

要是我們能像我們的河馬好朋友或魚魚好朋友一樣自己產生防曬油的話，一定很方便。住在白天很長的地方的人最需要這種能力了……

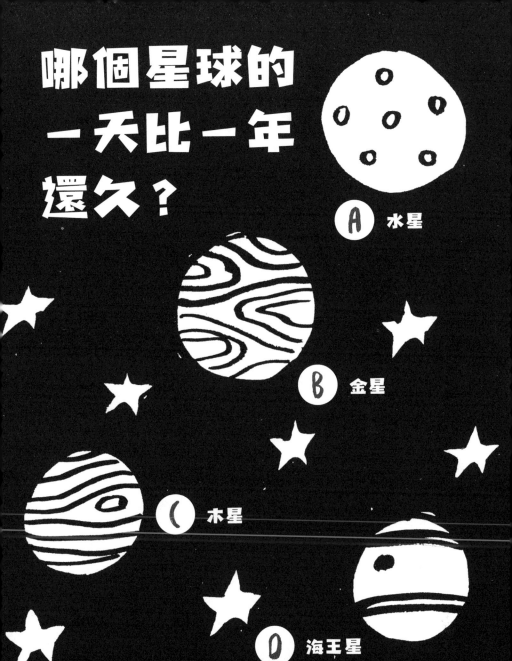

要學習這個奇怪的小知識之前，要先瞭解我們是如何定義一天與一年的。

我們定義一年為一顆星球繞太陽一圈的時間。我們把繞著太陽轉稱做**公轉**。地球公轉一圈要花 **365 又 1/4 天**的時間。

等等，你可能會想提問：「但是我們沒辦法在每年裡面加入 1/4 天呀！」**你說得沒錯。**所以，我們每隔四年就會把多出來的這些 1/4 天加起來，讓第四年多出一天，那一天就是 **2 月 29 日**。我們把這一年稱做**閏年**。

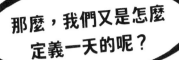

那麼，我們又是怎麼定義一天的呢？

一天代表的是一顆星球繞著自己的軸自轉一圈的時間：就像慢慢轉動的陀螺一樣旋轉一圈。如果你現在身處於地球上**面對太陽**的那一側的話，你經歷的就會是白天。當地球繞著自己的軸轉半圈後，你會發現自己身處於地球上**背對太陽**的那一側，這裡一片黑漆漆的，就是晚上。你看不到東西，甚至連自己的鼻尖也看不到。當然了，如果你把燈打開就什麼都能看到啦！用膝蓋想也知道。但說實在的，你本來就不會看到自己的鼻尖了，除非你**鬥雞眼**。等等，真的是這樣嗎？事實上，你一直以來都能看得到自己的鼻尖，只是你的大腦把鼻尖**過濾掉**了！是不是很酷啊？

唉呀，抱歉，我剛剛說到哪裡了？

149

對喔，我們說到**晚上**。幸好，地球會繼續旋轉，直到你回到一開始的位置：再次面對太陽，進入**白天**。地球從這次日出到下一次日出的日夜循環大約要花 **24 小時**。

所以，我要如何應用一天或一年的定義，來瞭解「在某個星球上的一天比一年還要長」這樣的奇怪概念呢？或許你會猜測，答案和這個星球距離太陽多遠有關。你猜對了喔，或者該說你猜對了一部分。

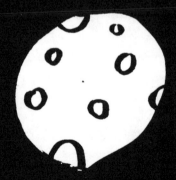

讓我們先看看金星。**金星**比地球還要**更靠近**太陽，所以，金星的公轉軌道不但比我們**更小**，它的公轉速度也比我們**更快**，這是因為把它拉向太陽的力量更強大，所以它必須用更快的速度前進才能維持公轉。因此，金星繞太陽一整圈花的時間比地球還要**更少**。也就是說，金星的一年比地球的一年還要**更短**。事實上，金星的的一年是 224 個地球日。**幸好**，目前為止都很合理。

但是，真正怪異的事情是，金星繞著自己的軸自轉的速度非常、非常**緩慢**。超、級、慢，慢到金星必須花上驚人的 **243 個地球日**才能自轉一圈。也就是說，等金星公轉一圈，完成 224 個地球日的一年之後，它根本還沒繞著自己的軸**自轉一圈**。所以，金星上的**一天**其實比金星上的**一年**還要更久。如果你住在金星上的話，**每天都會是你的生日**。甚至有時候一天能過兩次生日呢！

答案 是 B。

金星上的一天比
一年還要久。

152

但奇怪的是，**金星的自轉速度為什麼那麼慢呢**？科學家沒辦法確定答案，但他們提出的其中一個理論認為，在很久很久以前，金星正在開開心心的旋轉時，太空中有另一個物體（例如**大石頭**之類的東西）**非常用力的撞上了它**。金星的旋轉速度可能就是因為這次巨大的衝撞而變得這麼慢的。科學家還認為這次撞擊可能使得金星變得**上下顛倒**，這可以解釋為什麼金星的自轉方向和其他星球不同，是**反過來**的，我們把這種旋轉方式稱做**逆行**。所以在金星上，太陽是從西邊升起，並往東邊落下！

彈開！

你可能覺得金星擁有
超級漫長的一天
是很奇怪的一件事，
不過，還有另一個星球
的天黑時間會持續
21 年……

153

哪個星球的天黑時間會持續21年？

(A) 木星　　(B) 土星

(C) 天王星　　(D) 海王星

若想了解這個**奇怪**的知識，我們首先要先認識一下**季節**是怎麼來的。

如果你住在地球上（我想閱讀這本書的人應該都住在地球上才對），而且你住的地方距離**赤道**不會太近或太遠的話，你應該會體驗到季節變化。這是因為地球在自轉時並不是筆直的，而是有一點**傾斜**，角度大約是 23.5 度。所以，在地球開開心心的繞著太陽轉圈的同時，若你住的那個區域的地球角度是**往太陽的方向傾斜**，你就會接受到**比較直接照射的陽光**，這段期間你接受日照的時間也會比較長。因此，天氣會比較溫暖，白天的時間也會比較長。相同的狀況大約會維持地球公轉一圈的 1/4 長度。我們把這段時期稱做**夏天**。如果你住在赤道北方，也就是**北半球**的話，這段時期大約會出現在 6 月至 8 月。在夏季的**最中間**那段時間，北極會**一直是天亮**的狀態。

你知道南半球的聖誕節是夏天嗎？

而另一邊的狀況則正好相反。在地球公轉的另外 1/4 長度中，你所在的區域會往太陽的**反方向**傾斜，因此太陽的光線在抵達你所在的地區時，會變得**比較微弱**，此外，白天的時間也**會變少幾個小時**。因此，天氣會變得**比較冷**，**天黑**的時間也比較早。

我們把這段時期稱做冬天，對住在北半球的我們來說，冬天出現在 12 月到 2 月。在冬天的最中間那段時期，北極會**一直是天黑的**狀態。

天王星從很多方面來說都是一個詭異的星球，不過其中它最怪異的地方大概非旋轉莫屬了。天王星在繞著自己的軸自轉時的角度，比地球還要更傾斜**非常多**。事實上，天王星的軸幾乎要接近躺平了，它自轉時看起來有點像是一顆球**在地上滾動**一樣，同時它也會繞著太陽公轉。因此，天王星的**季節差異**比地球還要**更加誇張**。事實上，如果你站在天王星的其中一個極區的話（其實你做不到，你會沉下去），在天王星公轉的 1/4 時間裡，你都會**直接面對太陽**，因此在這段時間你會經歷**不間斷的天亮**。如果你一直站在同樣的位置，你會在另外 1/4 的時間**背對太陽**，這段時間**全部**都會是黑夜。

天王星距離太陽實在**太遠**了，所以它的**公轉軌道**大到不可思議，太陽對天王星的拉力也比其他星球**更小**，當然了，只有更遙遠的可憐海王星是例外。因此，天王星公轉的速度不但**超級緩慢**，而且**距離**也超級遙遠。也就是說，天王星**公轉**一圈的時間**無敵漫長**。事實上，天王星的一年大約是令人震驚的 84 個地球年。由於天王星的傾斜角度如此獨特，所以在天王星公轉的 1/4 時間中，其中一個極區會一直是黑夜。也就是 **21 年的黑夜**，這絕對會讓人發瘋吧！當然了，如果你是住在地底下的鼴鼠的話，你就不會受到影響了。

答案是 c。

在天王星上的某些區域，天黑的時間會持續 21 年。

我本來想說一個笑話的，但還是算了。不過，說到「底下」……

159

所有現存的生物都需要**氧氣**才能存活，不過，你到底要有多需要氧氣，才會使用**屁股**呼吸呢？在理想的狀況下，我可不會想要使用屁股呼吸。我是說我的屁股，不是你的。不過我當然也不想要用你的屁股呼吸啦！我可沒有對你不敬的意思喔！

不過，有些勇敢的生物雖然擁有**功能正常**的嘴巴和肺，卻會定期**使用屁股呼吸**。那麼，這些生物為什麼不能像正常人（或者說正常動物）一樣，使用**嘴巴和肺**呼吸呢？這是因為如果你必須長時間待在**水底下**的話，用嘴巴和肺呼吸**不是件容易的事**。

有哪些動物會花很多時間待在水底下呢？我們第一個想到的當然是魚囉！但是魚可以用**鰓**獲得氧氣。鰓是由許多小型片狀構造組成的特殊皮膚，可以在水從中流過時，直接**從水中吸收氧氣**。

那麼**海豚**呢？海豚是**哺乳動物**，這代表牠們可以用**把空氣吸進肺中**並吸收氧氣。雖然多數海豚可以在水底下逗留 8 至 10 分鐘，不過牠們終究必須浮到水面上，用**氣孔**呼吸：氣孔是位於牠們背部的一個小洞。海豚在呼出肺中的老舊空氣時，也會把水一起噴出來。在牠們呼吸時你絕不會想要靠得太近。這種宛如渦輪加速的**海豚鼻涕**，噴出來時的速度可以達到**每小時 160 公里**！

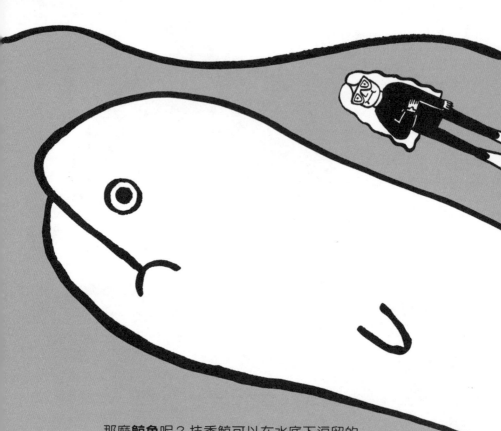

　　那麼**鯨魚**呢？抹香鯨可以在水底下逗留的
時間長達驚人的 **90 分鐘**，這都要感謝牠們體內有一種帶電的
特殊蛋白質，能幫助牠們的血液攜帶**高濃度的氧**，因此牠們不需要
太頻繁的換氣。90 分鐘是很長的時間，人類在水底下憋氣的最高
記錄是相較之下微不足道的 **24 分鐘**：這是一位西班牙自由潛水者
在 2016 年創下的紀錄。但是，就算是鯨魚**終究**還是必須要到水面
上呼吸。這就是為什麼**賞鯨**這麼**令人興奮**。你永遠不知道抹香鯨會
在什麼時候浮上海面換氣⋯⋯但你知道牠一定會浮上來！

那青蛙呢？青蛙和多數兩棲動物一樣，在**陸地上**可以用肺呼吸，但牠們進入水底後，可以換成用特殊的**皮膚**來吸收氧氣，就像是一片**巨大的鰓**，牠們不需要用屁股呼吸。

但是，如果你需要在水底下逗留**很長的時間**，又不像魚一樣有鰓、不像海豚一樣有氣孔、不像青蛙一樣有特殊的皮膚，你該怎麼辦呢？有時候，你唯一的希望就是你的**屁股**了。這正是某些品種的烏龜所做的選擇。烏龜和青蛙一樣有嘴巴和肺，他們在陸地上時會用這套系統呼吸。不過，**澳洲的費茲羅伊河龜**和**北美的東部錦龜**必須躲避陸地上的寒冷冬天，因此他們每年都要在**表層結了冰**的水底下冬眠 5 **個月**。牠們的皮膚上有**厚厚的鱗片**和**堅硬的龜殼**，因此不能像牠們的好朋友青蛙一樣**用皮膚呼吸**。牠們必須想出其他方法在水底下呼呼大睡的期間獲得氧氣……你猜對了！用牠們的屁股。

　　烏龜的屁股和我們的屁股有點不太一樣。烏龜的臀部有一個**多用途的孔洞**，我們將之稱做**泄殖腔**，牠們利用泄殖腔來排尿、排泄與產卵。不過，牠們也可以在水底下用泄殖腔來**吸收氧氣**。泄殖腔旁邊有兩個可以**擴張**的**泄殖腔囊**，上面布滿了**血管**。烏龜會用泄殖腔**把水吸進**泄殖腔囊裡面，在這裡直接從水中**吸收**賴以維生的氧氣到血管裡。就像魚用鰓吸收氧氣一樣。接著，烏龜會把水從屁股（抱歉，我是說泄殖腔）**排出來**⋯⋯然後再次把水吸進來。烏龜**每分鐘**可以重複這個過程多達 **60 次**，而且只要耗費非常少的能量就能做到。

所以嚴格說起來，這種用屁股吸水的技巧其實算不上「呼吸」（這個過程和空氣進入肺部無關），但是對烏龜來說，若想在沒有空氣的情況下獲取氧氣，這是一種非常**有效率**的方法。這個能力讓他們可以在寒冬時期**進入水底下冬眠**很長一段時間，不需要到水面上換氣。

答案是 A。
烏龜可以利用屁股「呼吸」。

烏龜不是唯一一種能用屁股呼吸的動物。還有一些**小河豚**把使用屁股這件事升級到了全新的境界，牠們發展出了用屁股噴水的技巧。而**蜻蜓的寶寶**可以在緊急時刻用泄殖腔噴水，加速前進，逃離**鴨子**等掠食者，就像是渦輪加速的水屁。海參不但會從屁股噴出水來，還可以順道**排出一些內臟**。這些糾纏在一起又**黏答答**的管**狀內臟**可以困住從後面偷偷接近海參先生的掠食者。

講到**水屁**……**海牛**可以在水底下放屁來達到截然不同的目的：控制牠們在水中的**位置**。海牛是外表十分怪異的一種生物，根據傳說，以前的人曾把牠們誤認為**美人魚**。牠們會花一整天的時間狼吞虎嚥，接著把吃下的植物分解，產出非常大量的**甲烷氣體**。這些甲烷會堆積在牠們的小腸裡，牠們可以選擇要在何時**放一個大屁**，從屁股排出大量氣體，製造出**一連串的泡泡**。你在泡澡時放屁也會製造出類似的泡泡。這可不像是美人魚應該有的優雅行為！

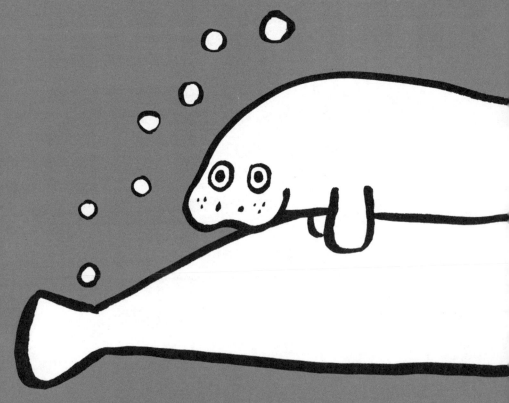

但是，海牛這麼做之所以很聰明，是因為牠們把小腸中的氣體排出後會變得**比較難漂浮**，因而可以在水中**下沉**。就像你把泳圈的氣排掉一樣。

如果海牛想要往水面上浮起的話，牠只要**憋住牠的屁**一陣子，等午餐在小腸裡**累積**更多氣體就行了。完全不費吹灰之力呢！等到海牛的小腸充滿氣體後，牠就可以頂著鼓起來的小肚子，變得更容易漂浮，在水中上升一點。就像你往泳圈裡吹進更多空氣一樣。或者也像是你在躺進浴缸時**深深吸一口氣**一樣。

海牛是個聰明的放屁家，不過，若要比放屁的多寡，牠們絕對比不過我們**人類飼養的牛**所擁有的高超放屁技藝喔！

我們可以晚點再繼續討論這個話題。現在我們要先弄清楚，你自己有多擅長放屁呢？

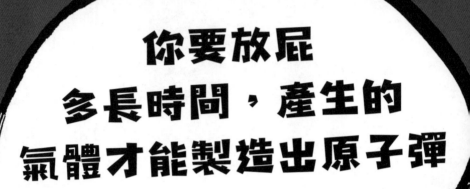

你要放屁
多長時間，產生的
氣體才能製造出原子彈
爆炸的
能量？

Ⓐ 7 年　　Ⓑ 80 年

Ⓒ 500 年　　Ⓓ 2 萬 4000 年

有時候你的姊姊會變得**很煩人**，獨占電視遙控器，逼你看《愛之島》這種真人約會實境秀節目，對吧？如果你能在這種時候用放一個屁把她**吹走**的話，豈不是棒呆了？有可能做到嗎？

所有人都會放屁。沒錯，就算是你的奶奶也偶爾會放屁。**每一個人會放屁**，就算是你最喜歡的偶像藝人也一樣。一般人每天會用屁股排出 **14 個臭屁**，只不過有些人比較擅長隱藏自己的屁罷了。

真是令人著迷的氣味！

你可能覺得放屁是一件蠢事，若你在學校放了一個如**小喇叭**一樣的**響屁**有多尷尬。但是，放屁是非常**必要**的。甚至還有是專門研究放屁的科學家，他們就叫做**屁學家**。

每次你吃東西或喝飲料時，都很可能會把一些**空氣**混著食物一起吞下去。而且，你的腸胃裡住著一些微小的**細菌**，能幫助你分解食物——它們也會釋放一些氣體。若你沒有把這些**多餘的氣體**從屁股排出來，並搭配上**打嗝**的幫助，你很可能會像氣球一樣膨脹起來並且**爆炸**。放屁是非常重要的一件事，重要到古羅馬的皇帝克勞狄斯通過了一條**法律**，規定人們可以在晚宴上放屁。甚至還有流言指出，南美洲有一個部落用放屁來**彼此問候**呢！

你好！

但是，我們可以把這些浪費掉的氣體拿來製作了不起的巨大**放屁炸彈**嗎？雖然你可能會覺得這個想法很怪，但是網路上有謠言指出，只要連續放屁 **6 年又 9 個月**，你就能產出足夠多的**可燃氣體**，製造出和**原子彈**一樣大的爆炸。我一直覺得這個謠言聽起來**很可笑**，所以我決定要證明這件事。當然不是**親身**證明啦！我沒有那麼多時間放屁。而且我放屁的技巧也沒有那麼高超。但是，我們可以一起從**理論上**弄清楚這個謠言是不是真的。

好啦，我們要從哪裡開始著手呢？

像你我這樣的市井小民（對，我知道你和我應該都不叫做「小民」，不過如果你真的叫小民的話，請高聲歡呼一下）每天會因為放屁而製造出**半公升**的氣體，若把這些**放屁精華**蒐集起來，你可以裝滿一個小塑膠瓶。如果我們把每天放屁產生的氣體平均分配給 14 個屁的話，我們可以計算出每次放屁大約會產生 **36 毫升的氣體**。

500 毫升 / 14 個屁 ≈ 每個屁 36 毫升

我們假設每次放屁大約要花一秒的時間，並且假設你花了一整年的時間不停放屁，那麼理論上來說，你放屁排出的氣體大約會是驚人 110 萬公升。

36 毫升 x 60 秒 x 60 分鐘 x 24 小時 x 365 天 = 1,135,296,000 毫升（ = 1,135,296 公升）

當然，你絕對**不可能**有辦法排出那麼多氣體。就算你辦得到，你也會**精疲力竭**，甚至很可能會累到動不了。但讓我們先忽略這些小細節，繼續討論理論上的狀況。

那麼，這些放屁排出的氣體能製造多少**能量**呢？屁的成分大多都是**氮氣和氧氣**，它們來自我們飲食時吞下肚的空氣，另外還有一些內臟中的**細菌**製造的**氫氣**與**二氧化碳**，有時還會含有一些甲烷。在這些氣體中，氫氣與甲烷都是**可燃氣體**。也就是說，氫氣與甲烷會在你對它們點火之後釋放**能量**。我們把這種氣體稱做**燃料**，而燃料……可以引發**爆炸**。

那麼，我們**放屁**一年產生的**氣體**能製造出多大的爆炸呢？由於屁裡面的**甲烷**很少，而且甲烷也不算是多好的燃料，所以我們可以直接忽略它。抱歉啦，甲烷。不過，屁裡面含有許多**氫氣**，這是一種超級易燃的氣體，易燃到我們可以用氫氣來當作**太空船**的燃料。如果我們假設每次放屁排出的氣體中大約有 **20%** 的氫氣，那麼我們放屁一年排出的 110 萬公升氣體中，就包含了 **22 萬 7000 公升**的氫氣。

1,135,296 公升的屁 x 20/100 = 227,05 公升的氫氣

每燃燒一公升的氫氣，就會釋放出 **11.92 千焦的能量**。所以，如果我們把放屁一年產出的氫氣**點燃**，並提供足夠的氧氣讓這些氫氣**完全燃燒**的話，我們釋放的能量將會是高到嚇人的 **270 萬千焦**。

227,000 公升 x 11.92 千焦 = 2,705,840 千焦

這可是超級多的能量。若想要**炸掉一輛小客車**，我們需要大約 4000 千焦的能量。我們放屁一年製造出的氫氣，足夠炸掉**六百多輛老爺車**。事實上，這些氫氣能製造出的爆炸強度和 **675 公斤**的黃色炸藥（TNT）相等。這絕對會是一場超級壯觀的巨大爆炸。英國皇家海軍的海上對陸地武器**戰斧巡弋飛彈**，製造出的爆炸大約等於 **500 公斤**黃色炸藥。所以，根據我們（有些荒謬的）理論來看，我們只要花一年的時間**放屁**就能製造出了一顆飛彈了。不過，在電腦遊戲《**當個創世神**》中，一方塊的黃色炸藥中含有重量驚人的 **1650 公斤**黃色炸藥。你必須花兩年半以上的時間**不斷放屁**，才能產出一方塊的黃色炸藥呢！

那麼，要放屁多長的時間，製造出的爆炸才能比得上**原子彈**爆炸的能量呢？二次世界大戰期間，投在廣島的可怕原子彈造成了極大範圍的慘重損傷，這顆原子彈爆炸時釋放了大約 **650 億千焦**的能量。根據我的計算，你大約必須連續放屁 **2 萬 4000 年**，才能製造出那麼巨大的爆炸。

650 億千焦 / 每年 270 萬千焦 ≈ 24,000 年

答案是 D。
你必須連續放屁 2 萬 4000 年以上，產生的氣體才能創造出原子彈爆炸的能量。

所以說，就算你爸爸正好是個愛放屁的人，總是**屁聲如雷**，他也一樣不太可能有辦法用自己的響屁**破壞**任何事物。就算他每天都吃一大堆**豆子**和**起司**，又喝下許多氣泡飲料，攝取各種容易讓人放屁的飲食，他依舊無法用屁把路邊的小花吹倒。不過，他或許可以製造出許多滑稽的聲音。如果他足夠擅長放屁的話，甚至可以靠著當**專業放屁家**維生。抱歉，應該稱做「表演放屁師」才對。就像怪異的**甲烷先生** 2 一樣。甲烷先生曾在許多世界一流的喜劇節上表演過他的「放屁歌」，甚至還錄了一張專輯。真想知道如果他上了廣播節目的話，能和主持人聊天打屁多長的時間。**聊天打屁？** 有聽懂嗎？算了，當我沒說。

2 本名是保羅·歐德費爾德（Paul Oldfiedl），在《英國達人秀》節目上用放屁聲表演《藍色多瑙河》而因此一炮而紅。

所以我們已經差不多得出結論了，你沒辦法用一個屁就把霸占了電視的姊姊**吹走**。不過，你可以試試看把她**臭走**。

　　我們都知道，有時候我們放的屁**會很臭**，這是因為我們放屁排出的氣體中含有**硫**，所以才會有那麼恐怖的味道。順道一提，如果你**喜歡**聞臭氣沖天的屁味（你真是個怪人），你可以好好利用你的鼻子成為**專業聞屁師**。我是說真的，根據中醫的理論，聞屁師可以用一個人的屁味判斷出他有沒有罹患特定**疾病**……

我是被誣賴的！

根據報導，中國專業聞屁師每年的薪水高達 150 萬臺幣。沒錯，他們靠著聞別人的屁味賺錢。

總之，如果姊姊不怎麼**熱衷**於屁味的話，你不如放一個屁，把她趕出客廳吧！

若你想創造出臭到令人眼淚直流、能把姊姊嚇到**逃跑**的**絕世臭屁**，請多吃一些富含硫的食物，例如豆子、高麗菜、起司或蛋。吃下分量充足的土司夾起司豆子，再搭配上高麗菜與水煮蛋……然後**放出一個屁**。姊姊很可能會立刻衝回自己的房間。你就可以成為沙發城堡中僅存的國王，揮舞著電視遙控器了。記得把這件事怪在你家小狗的頭上。

你吃過蛋之後放的屁可能會很臭，但是談到腸胃中的氣體時，有一種生物的放的屁實在太多了，很少有其他生物比得上牠……這種生物就是牛。

哞！

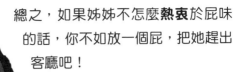

牛是一種**反芻動物**，除了牛之外，羊、鹿和長頸鹿也都是反芻動物。反芻動物擁有一種特別的胃，叫做**瘤胃**，裡面有一些**細菌**能幫助牛分解堅硬粗糙的食物，例如青草。牛其實有**四個胃袋**。其中一個拿來裝青草，另一個拿來裝冰淇淋……我是開玩笑的，不是拿來裝冰淇淋的啦！

牛在咬下一大口草之後，會稍微咀嚼一下，一等到草變得**吞得下去**，牠就會把草吞進**第一個與第二個胃袋**中，這兩個胃分別叫做**瘤胃**與**蜂巢胃**。這兩個胃袋中的細菌會利用**發酵**來分解青草。發酵的過程中會釋放出**甲烷**。我們很快就會回來討論這個部分。

接著，牛會**反芻**稍微消化過的食物（換句話說，牠會把食物**嘔吐**到自己的嘴巴裡，真是太讚了），開始咀嚼反芻的食物，把食物咬得更細小。這就是為什麼牛常常會像是在**吃口香糖**一樣不斷咀嚼。經過一陣子之後，我們的牛牛好朋友就會把這團青草糊吞回第三個與第四個胃中，這兩個胃叫做**重瓣胃**與**皺胃**，這團綠色物體將會在這裡徹底消化，其中的**營養**將會被**吸收**到牛的血管中。

消化到這個時候，瘤胃中那些辛勤工作的細菌已經產出大量**甲烷氣體**了，可憐的阿牛必須把這些氣體**排出去**。一隻牛平均每天會釋放出高達 **230 公升**的甲烷，多數都是以**打嗝**的方式排出來的，少數甲烷則會在牛**放屁**與**大便**時排出來。就算和最會放屁的人類比起來，牛每天排出的甲烷也高達人類的 1000 倍，足以裝滿超過 **15 個派對氣球**。

答案是 B。

一頭牛在一天之內用打嗝與放屁排出的甲烷可以裝滿超過 15 個派對氣球。

派對的事先放在一旁，讓我們討論一些正經事。地球上大約有 **15 億頭牛**。每一頭牛每天打嗝和放屁都會排出 230 公升的甲烷。一年下來，總共會產生超過 125 兆公升的甲烷，**簡直多到不可思議！**

230 公升 x
365 天 x
15 億頭牛 =
125 兆 9,250 億
公升的甲烷

這些甲烷使農田變得**臭烘烘**的，此外還有另一個更大的問題：甲烷是一種**溫室氣體**。你可能聽過這個詞，我們會在其他人談論**二氧化碳**時，聽到他們說二氧化碳也是一種溫室氣體。溫室氣體就像**一條舒適的毛毯**，會包裹住地球，把太陽的熱氣留在地球上，讓我們保持溫暖。

原本這應該是一件**好事**，畢竟如果我們的大氣層中沒有溫室氣體的話，夜晚將會**寒冷到**我們無法存活。不過，在過去一百多年來，由於越來越多**人類**在**燃燒**石油與瓦斯等**化石燃料**，導致有越來越多溫室氣體進入**大氣層**中。

因此，**舒適的毛毯**越變越厚，地球也變得**越來越溫暖**。這種現象叫做**全球暖化**，嚴重影響了我們的**天氣**，也影響了許多**植物**與**動物**的生活。現在很重要的一件事，是我們必須**馬上開始努力減少**我們釋放到大氣層中的溫室氣體，如此一來，我們才能停止全球暖化導致的**氣候變遷**與**生物多樣性下降**。

雖然在溫室氣體中，二氧化碳比甲烷還常見，但是**甲烷**比二氧化碳還要**更擅長困住**來自太陽的**熱氣**。事實上，有部分研究學者指出，牛這一類的動物在打嗝、放屁與大便時產生的甲烷正不斷增加，這些甲烷對**全球暖化**的影響非常巨大，甚至超過了車子、火車與飛機產生的二氧化碳造成的影響。

所以，在**減少使用化石燃料**的同時，你也可以透過**少吃牛肉與乳製品**來對抗氣候變遷。

沒關係，反正以後我們所有人很可能都會改吃昆蟲。我可沒騙你喔！昆蟲不但富含優質蛋白質，而且也很美味。

182

雖然牛打嗝絕對是個大問題，但我們大氣層中絕大多數的甲烷其實來自在溼地、小河與溪流**自然分解的屍體**。

奇妙的是，研究發現貽貝、牡蠣和蛤蜊等海洋貝類**也會釋放大量甲烷**。當然沒有牛那麼多啦，或許我們應該要叫牠們別再「貝」叛地球了？

不過信不信由你，科學家認為產生**最多**甲烷的現存生物是體型非常迷你的白蟻。白蟻是一種外表類似螞蟻的昆蟲，會**分解枯木**，把**木頭**變成**養分**回歸到土壤中，是大自然中非常重要的角色。但是，如果你住在木頭房子裡的話，白蟻就會是個令人頭痛的大問題。什麼？你說白蟻那麼小的話，那麼產生的甲烷一定也很少吧？沒錯。但是問題在於，地球上大約有**一京**（10,000,000,000,000,000）隻白蟻！科學認為這些可怕的小生物每年總共會製造出 **1 億 5000 萬噸**的甲烷。

接下來是另一個和白蟻有關的奇妙知識，牠們想出了一個奇妙的方法運用自己的大便……

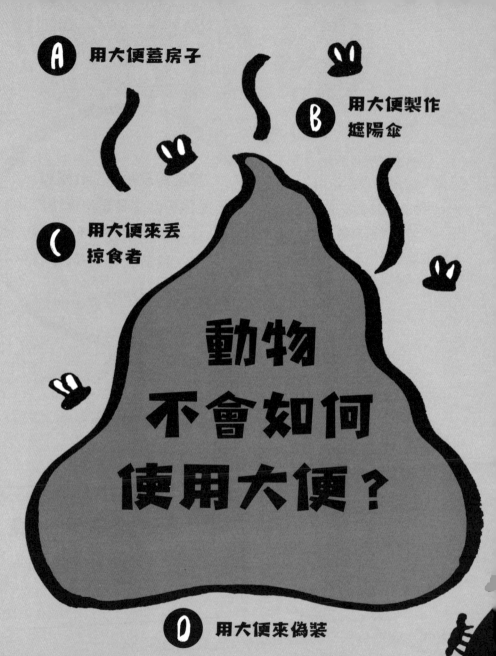

A 用大便蓋房子

B 用大便製作遮陽傘

C 用大便來丟掠食者

動物不會如何使用大便？

D 用大便來偽裝

根據估計，這些**可怕的白蟻**每年會在美國造成 **10 億美元**左右的損害。這些長得像螞蟻的恐部份子會造成巨大的破壞，把媽媽的木製化妝桌或奶奶的古董咖啡桌全都**咬壞**。所以人們當然很希望能**擺脫這些小生物**。可是問題在於，這些小蟲子的**生存能力**簡直就像超人一樣。白蟻在遇到會殺死其他小昆蟲的**超級細菌傳染**時，它們不但能夠存活下來，而且還能英勇的對抗人類為了殺死它們而噴灑在它們身上的**殺蟲劑**。

為什麼白蟻會那麼**強悍**呢？這一切似乎都要歸功於它們蓋出了**具有保護力的房子**。抱歉，我是說巢穴啦。事情是這樣的，白蟻建築巢穴的材料是……你猜對了！**大便**。（嚴格說起來是大便加上枯木的混和物質）但是，大便本身並不**強大**呀！為什麼**用大便建造成的房子**能保護白蟻存活下來呢？這是因為大便能提供美味的食物給特定幾種**友善的細菌**，這些細菌會住在大便築成的牆壁裡。為了**回報白蟻**，這些細菌會分泌**可怕的**

弄蝶科的毛毛蟲使用大便的方法和白蟻截然不同，這些毛蟲會扔出大便來混淆敵人。

　　弄蝶科的小毛毛蟲會躲在安全的地方，穩定的增加屁股的**血壓**，然後在忽然之間把**大便砲彈**發射到高空中。這些小小的大便誘餌會降落在數公尺之外的地方，這個距離是毛蟲身體長度的**40倍**以上。如果換成人類的話，就像是你把你的大便從**足球場**的這一頭丟到另一頭一樣，而且還是用**屁股**丟的，實在不簡單。你敢不敢在下次練習踢足球時試試看？

當黃蜂與其他**掠食者**出現在大便附近時，牠們會興奮的開始追蹤**毛蟲大便的痕跡**，希望能在附近找到大便的主人。但是，它們是**不可能找到**這隻隱藏起來的獵物。雖然用屁股噴射大便的方法對毛蟲來說很有效，但我可不推薦你在媽媽找你去洗碗時，使用這個丟大便的技巧來混淆媽媽。至少千萬別在吃了快壞掉的雞肉咖哩之後這麼做。

　　有些動物會用其他方法來混淆掠食者，例如把自己偽裝成大便。金蛛、大黃帶鳳蝶幼蟲和鳥糞樹蛙全都會**偽裝成鳥糞的樣子**，保護自己不被吃掉。這似乎是一個很合理的策略。我可不會想吃鳥糞，你會想吃嗎？

　　你可以上網查詢這些生物的照片，看起來真的很像鳥糞！

金蛛

大黃帶鳳蝶
的幼蟲

鳥糞樹蛙

所以只剩下最後一個選項是動物**不會**拿大便來做的事了……那就是製作遮陽傘。至少我不知道有任何動物會這麼做啦！**你有聽說過有動物會這麼做嗎？**

沒有動物這麼做不代表這是**做不到**的事。當你躺在加勒比群島的熱帶海灘上，你不太可能用大便製作**遮陽傘**……不過你身下的**海灘**很可能充滿了大便！更準確的來說，**是鸚鵡魚的大便。** 鸚

鵡魚的牙齒長得像馬的牙齒，牠們會用巨大的牙齒**把珊瑚咬碎**，吃掉住在珊瑚礁裡面的可口綠藻。這些珊瑚殘渣會和**大便**一起排出來，最後變成**白色的沙子**，被海水沖上海灘。一隻鸚鵡魚每年可產出 **100 百公斤**的沙子！已經足夠填滿一個公園坑了。

答案是 B。
動物不會把大便製作成遮陽傘。

很顯然的，動物會用各種奇怪的方式使用牠們身體下半部的排泄孔洞。但是就連我們人類都也會利用動物的大便喔……

草原土撥鼠 A
麝香貓 B
跳鼠 C
天竺鼠 D

咖啡豆被哪種動物拉出來之後，泡出來的咖啡會比較好喝？

你的媽媽可能會在每天早上吃早餐時配上一杯**咖啡**，許多人都是如此。事實上，英國人每天會喝下嚇人的 **9500 萬杯**咖啡。這些咖啡能夠裝滿 5 個奧運規格的游泳池。如果你把這些咖啡全都**喝掉**的話，說不定你就能一口氣**游泳**穿越裝滿咖啡的五個奧運游泳池了。不過，我可不會建議你這麼做。你漂亮的白色泳衣會因此變成棕色泳衣。

總而言之，如果你告訴媽媽，你將會拿一些她**最喜歡的咖啡豆**餵給**貓**吃，再從貓砂盆裡蒐集**臭氣沖天的便便咖啡豆**……然後把這些咖啡豆變成**一杯熱騰騰**的咖啡色液體，當作母親節的特別禮物，你的媽媽會不會開開心心的把這杯咖啡喝掉呢？她很可能會嚇得把咖啡從嘴裡**噴出來**，**對吧**？

印度有一種動物名叫**麝香貓**。這
種亞洲椰子麝香貓看起來像是臉比較
尖一點的貓，但嚴格說起來，牠們並不是貓。這種外型像貓的覓食
動物膽子很大，可以**爬到樹上**……牠們在樹上悠閒的走動時，
會吃掉一種名叫**咖啡櫻桃**的小果實。咖啡櫻桃的外面包裹著
甜美多汁的果肉，裡面就是堅
硬的咖啡豆了。這種果實看
起來有一點像櫻桃，顯然是
因為這樣，名字才會叫
做咖啡櫻桃。

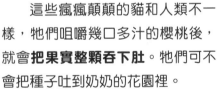

這些瘋瘋顛顛的貓和人類不一
樣，牠們咀嚼幾口多汁的櫻桃後，
就會**把果實整顆吞下肚**。牠們可不
會把種子吐到奶奶的花園裡。

吞下去之後，這些只被**隨便咬了幾下**的咖啡櫻桃會進入貓咪的腸胃中，這裡有一種名叫**酵素**的化學物質，會把所有**美味的果肉**都分解成更小的物質，例如**糖**。

這個過程叫做**消化**。這些糖會被**吸收**到麝香貓的血液中，被血液帶到身體各個部位的細胞裡。接著，糖會**儲存**在細胞中或者**繼續分解**，提供麝香貓**能量**。如此一來，麝香貓才能爬上另一棵樹，再次開始進食。我們人類也是用同樣的方式消化食物的。

一旦咖啡櫻桃的果肉被消化之後，剩下的就會是**堅硬的咖啡豆**。這些咖啡豆會一路撐過麝香貓的**消化系統**，最後麝香貓會把這些咖啡豆從身體裡**拉出來**……沒錯，就是在大便裡面。

接下來就是**噁心**的部分了。農夫會蒐集這些充滿了咖啡豆的麝香貓大便，把其中的大便去掉，**蒐集剩下的咖啡豆**。接著他們會把這些咖啡豆拿去烘乾、磨粉……最後泡成咖啡。

嗯。他們把大便去掉時一定要很小心，否則如果有剩下的大便，後果不堪「麝香」。哈哈，有聽懂嗎？設想？麝香？好啦，我不說了。

許多人都認為，用麝香貓拉的咖啡豆泡的**麝香貓咖啡**（印度人又把這個咖啡稱做**魯瓦克咖啡**）喝起來特別**美味**。有些人認為這是因為麝香貓很挑剔，只會挑選**最優質**、**最成熟**的咖啡櫻桃來吃。也有人認為麝香貓的消化系統中會有酵素能改變咖啡豆的**蛋白質**結構，減少**酸味**，使咖啡嚐起來更**順口**。有些專家甚至指出，在麝香貓用屁股排出咖啡豆時，這些咖啡豆會獲得**「具有麝香味的滑順口感」**，泡成咖啡後就能喝得出來。

嗯！好喝！

無論麝香貓咖啡為什麼會比較美味，它都已經成為了全世界最受歡迎也最**昂貴**的咖啡之一。

事實上，在美國一杯麝香貓咖啡的價格高達 2,400 元臺幣。

答案是 B。

被麝香貓拉出來的咖啡豆能泡出更美味的咖啡。

讓我先說清楚，你媽媽養的貓咪是做不到這件事的。就算你餵她吃咖啡豆當晚餐也沒用。我是說餵貓，不是餵媽媽。不過餵媽媽也一樣沒用啦，所以你可以放棄了。

接著，我們要說一件嚴肅的事，在你衝去任何一間高級咖啡店買一杯麝香貓咖啡之前，請你務必要**謹慎**。由於現在有**非常多人**想買麝香貓大便出來的咖啡豆，所以有些咖啡農會利用這個機會賺錢，而且他們賺錢的方式對可憐的麝香貓來說並不友善。有些咖啡農把麝香貓關在**可怕的環境**中，並**強迫餵食**咖啡櫻桃，讓麝香貓大量產出充滿了咖啡豆的大便。從這些咖啡農那裡購買麝香貓咖啡就是在鼓勵他們繼續做這種殘忍的行為。但是問題在於，我們很難分辨我們想買的麝香貓咖啡豆，是來自野生的麝香貓還是籠養的麝香貓，畢竟我們沒辦法證實產品包裝上寫的資訊。所以最安全的作法就是不要買麝香貓咖啡，抱歉啦！

就算不能買，你還是能告訴你的朋友，有些人喝的咖啡是用麝香貓大便出來的咖啡豆泡出來的，讓他們噁心一下。

不過，若你覺得這樣就算噁心的話，我可以告訴你，還有另一種動物會吃排泄物。不騙你。牠們吃的不是麝香貓的排泄物，而是自己的排泄物。而且牠們有很好的理由這麼做。你猜

哪種噁心的動物常常吃自己的大便？

A 狗

B 猴子

C 兔子

D 金龜子

你可能曾經注意過，你養的狗偶爾會在晚上出去散步時吃一些**大便**當作**點心**。許多人都看過禮儀 100 分的狗花很長的時間**嗅聞**其他狗的臭臭大便，有時甚至會**吃一小口**。牠們偶爾甚至還會吃自己的大便。

好噁喔！你能想像吃自己的大便嗎？不了，謝謝，我才不要。

但是對狗而言，這麼做其實是很合理的。有時候，狗的臭臭大便裡會殘留一點還**沒消化完的食物**。在狗以飛快的速度**大口進食**過後，最有可能發生這種事。所以，雖然吃大便聽起來**很噁心**，但對於滿嘴臭大便的狗來說，這其實是很有**營養**的一件事。事實上，猴子也會這麼做。但是猴子和狗並**不會常常**這麼做。

糞金龜也會從大便中攝取養分。但是它們吃的是其他生物的大便，而不是自己大便。它們甚至有特殊的嘴巴構造能**吸食**液態的大便。太厲害了。有些糞金龜甚至會用大便製作**房子**，或者當作適合**產卵**的絕佳場所。有點像是大便育兒房的概念。

不過，在吃自己排泄物的領域中，真正的**王者**不是別人……沒錯，你猜對了！就是**兔子**。你有看過你朋友養的可愛寵物小兔子舔自己的屁股嗎？現在你突然覺得牠沒那麼可愛了，是吧？

兔子和迷你豬這一類的小動物擁有的**消化道很短**，所以牠們沒有足夠的**時間**，能在食物**第一次**進入身體時把食物全都消化完。也就是說，經過第一次消化的大便中仍含有許多寶貴的**養分**，是兔子的身體來不及吸收的。

所以，兔子會在大便之後，馬上**大口吃掉**那些新鮮柔軟的圓形大便（看起來又黑又溼的那種）……讓這些大便再次經過消化。

接著這整件事會**再次重複**。科學家認為，兔子**吃掉大便的過程**最多可以重複**12 次**，最後大便才會失去所有營養，變成乾燥的圓形糞便，不再被兔子吃掉。

請千萬不要在家自己嘗試這個做法。這個方法對人類來說沒有效。你很可能只會生重病。而且無論有沒有效，我都不認為從你屁股排出的大便會好吃到哪裡去。

答案是 **c**。
兔子常常吃自己的大便。

但說到好吃的東西，你覺得銀河系的中心吃起來會是什麼味道呢？

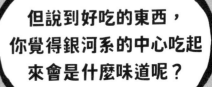

星河巧克力」
（巧克力品牌 Milky way）吃起來確實是巧克力的味道。但**我們的銀河系**中央最有可能嚐起來像……另一種不同的東西。

如果你用**光速**往正確的方向前進 **2 萬 6000 年**的話，你大概就會抵達我們的銀河系**中央**。如果你是坐在一輛飛快的車子上，同樣的距離大概要花 **3000 億年**的時間。等你 3000 億歲的身體抵達銀河系中心後，你可以拿下太空頭盔，用力**吸一口**周遭的化學物質……如果你能在這種完全缺乏氧氣的狀態下生存一陣子的話（事實上不太可能）……

……如果你確實存活下來了，你**可以**打開你 3000 億歲的嘴巴，大口吸進這裡的**美妙味道**。這個味道非常強烈，簡直就像你可以嚐到它一樣。這個令人口水直流的絕妙味道是……**甲酸乙酯**。

在接近銀河系中心的位置有一個塵雲叫做**人馬座 B2**，科學家最近發現這個塵雲裡有大量甲酸乙酯這個名稱聽起來很無聊的化學物質。科學家用一種名叫**無線電望遠鏡**的厲害裝置來研究這個塵雲，這個望遠鏡能「看見」我們**看不到**的東西，它偵測到的不是光線，而是**無線電波**。就像**夜視攝影機**可以偵測**紅外線**一樣。

甲酸乙酯和普通的**氨基酸**差不多大小。許多個氨基酸組合在一起會變成**蛋白質**，而蛋白質則是**生命的基石**。所以，在外太空發現了這個氨基酸大小的化學物質，代表**外星人是有可能**存在的。

不過目前為止，和甲酸乙酯有關的最有趣知識是，這種化學物質是某種水果的主要滋味來源，那種水果就是……覆盆莓。

答案是 A。

我們的銀河系中心嚐起來的味道像是覆盆莓。

若你在外太空**散步**一圈的話，你會聞到的可能遠不只**覆盆莓**而已。有些太空人說，他們在迎接太空漫步的朋友們回到太空船時，覺得太空衣聞起來有**甜味**與**金屬味**，就像**蒸氣引擎**會散發出的怪味。有些人甚至說這種味道聞起來比較像**燒焦的牛排**。

他們聞到的化學物質可能是**多環芳香碳氫化合物**。這名字很怪吧？這種化學物質是**星星在死掉的過程中燃燒**時會形成的物質，它們會黏在衣服這一類的**纖維**上。就像你坐在**營火**旁邊之後的好幾天，你的外套聞起來都會像**燒木頭的煙**一樣。

奇妙的是，我們也可以在培根裡找到類似的化學物質。所以，如果你哪天有機會遇到英國太空人提姆·皮克的話，你可以偷偷的聞一下他的外套，看他聞起來像不像培根三明治。接著把他的外套拿來當早餐吃，再搭配一杯好喝的牛奶。說到牛奶⋯⋯

哪種牛能產出最多牛奶？

A 整天喝水的牛

B 整天坐著的牛

C 有名字的牛

D 藍眼睛的牛

許多人都喜歡在吃早餐的時候配上一杯香醇的牛奶。現在人們能喝到各式各樣既奇怪又美味的奶類：豆奶、杏仁奶、椰子奶、羊奶等。我還曾喝過駱駝奶，**老天。**

我絕不會自稱是駱駝奶的愛好者。**我覺得喝起來不太舒服。**

甚至還有人會喝**馴鹿奶**。在人類會喝的各種奶類

隨便你！

中，馴鹿奶是**脂肪**含量最高的動物奶之一：馴鹿奶中有**將近 1/4 的脂肪**。對於在寒冷的雪地中出生並需要保持溫暖的馴鹿寶寶來說，馴鹿奶是很棒的營養，不過這大概也解釋了為什麼聖誕老人的**肚子**會**那麼大**。鯨魚奶的脂肪含量是驚人的 **50%**，不過就我所知，喝過鯨魚奶的就只有**鯨魚寶寶**，沒有其他人了。

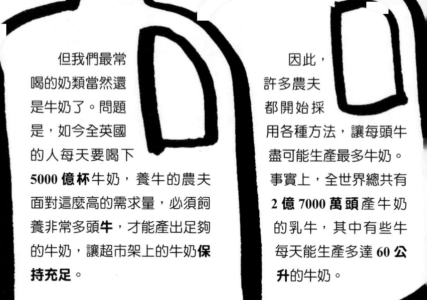

但我們最常喝的奶類當然還是牛奶了。問題是，如今全英國的人每天要喝下 **5000 億杯**牛奶，養牛的農夫面對這麼高的需求量，必須飼養非常多頭**牛**，才能產出足夠的牛奶，讓超市架上的牛奶**保持充足**。

因此，許多農夫都開始採用各種方法，讓每頭牛盡可能生產最多牛奶。事實上，全世界總共有 **2 億 7000 萬頭**產牛奶的乳牛，其中有些牛每天能生產多達 **60 公升**的牛奶。

若你有一頭這種牛，你就能在媽媽的車子的油箱裡裝滿美味的牛奶了。但千萬別那麼做，否則媽媽還沒把你載到學校，車子就跑不動啦！

遺憾的是，有些農夫為了讓牛生產這麼多牛奶，會讓牛住在可怕的環境中，並用非常不友善的方式對待牠們。所以，如果我們能找到新方法讓牛生產更多牛奶，並且不要對可憐的牛那麼殘忍的話，豈不是很棒嗎？

接下來就讓我們一一檢視這個問題的答案選項，看看我們能不能**幫上什麼忙**。首先，牛奶的成分大多都是**水**，所以我們可以合理推測，如果讓牛多喝一點水，或許牠就會多生產一些牛奶。但事實上，除非牛已經脫水了，否則喝更多水不太可能會讓牠生產更多牛奶，牠只會尿得更多。就像**你**如果在下課時間喝下 15 杯水的話，也會一直跑去廁所一樣。所以，很遺憾的，這個聽起來很簡單的方法**沒有用**。

　　那麼整天**坐著**會有幫助嗎？除了水之外，牛奶中也有溶解在水中的**糖**和**蛋白質**，其中還有非常微小的**脂肪**漂浮在其中，使牛奶乳化。有些廠商會先**去除**牛奶中的一些脂肪，製作成**低脂牛奶**或**脫脂牛奶**，這些牛奶中含有的**脂肪比全脂牛奶少**。奇怪的是，紐西蘭曾有一隻名叫瑪吉的牛，牠的其中一個**基因**有缺陷，因此牠生產的牛奶中含有的**脂肪天生就比較少**。瑪吉因此被用來育種出……**生產低脂牛奶的牛！**此外，紐西蘭人也育種出了另一種牛，能夠生產奶昔。而且這些牛整天都住在冰箱裡。

好啦，奶昔的部分不是真的。

205

讓我們回到先前討論的話題。為了製造出脂肪與糖等物質，牛需要能量。牛跟我們一樣，都是從食物中獲得能量。如果牛整天**都坐著吃草**，牠消耗的能量一定比到處跑跳還要少，所以牠會剩下更多能量做其他事，例如製造脂肪，或彈鋼琴。

真是哖麗的音樂。

由於牛奶含有脂肪，所以我們應該可以合理推測整天坐著的牛或許可以生產**更多**牛奶。不過，這個方法聽起來雖然很有道理，但真正發生的事情其實是牛會……**變胖**。就像如果你整天都坐在電視前吃蛋糕的話，你也會變胖一樣。

這麼說來，那就是**有名字**的牛能夠生產更多牛奶囉？奇妙的是，這個聽起來十分荒謬的答案竟然是真的。

嗨，我叫黛西。

其實名字本身並不是重點，**重點在於牛有多快樂**。事情是這樣的，有名字的牛通常和養牛農夫的關係比較好，這些農夫會對牛比較友善，也會好好照顧牛，把牠們當成有個性的個體。也就是說，有名字的牛都過得比較快樂，也比較**放鬆**。

牛在感覺到壓力時會釋放出一種名叫**壓力激素**的化學物質，就像人類一樣，而這些化學物質會讓牛停止各種與基本生存所需無關的行為，例如生產牛奶。所以，**放鬆又愉快的牛分泌的壓力激素較少**……因此能產出比較多牛奶。

答案是ㄈ。
有名字的牛會產出比較多牛奶。

科學家把這種狀況稱做**相關**，而非**因果關係**。也就是說，就算你隨機走到一片草原上，隨機找到一頭牛並對牠說「你好啊，黛西！」牠也不會因此就突然開始產出更多牛奶。如果牠真的因此產出比較多牛奶，那種狀況才會叫做因果關係，而且那會是非常荒謬的一件事，你的鞋子也將會因此噴滿牛奶。事實上，任何能讓牛更開心也更放鬆的事情，應該都會使牠們產出更多牛奶，甚至連聽一些**音樂**也有用。或者我該說哞麗的音樂呢？研究顯示，情歌或貝多芬等放鬆又緩慢的音樂能讓牛產出更多牛奶。有些農夫甚至會為他們的雞播放放鬆的音樂，讓雞產下更多雞蛋！

所以，如果你有農夫，請告訴他們對牛**友善**一點。牛是一種敏感的生物。根據研究，牛會有「最好的朋友」，而且牠們會在和最好的朋友分開時覺得很有壓力。甚至還有科學家認為牛具有各種性格，如**勇敢**和**害羞**，而且每頭牛**情緒化**與**友善**的程度都不太一樣。有些牛甚至能**認得不同的**人，牠們會選擇站在對待他們比較**溫柔**的人身旁。

所以，下次你在罵姊姊有牛脾氣的時候，請記得，也有一些好脾氣的牛會覺得你冒犯了牠們喔！

還有另一件事或許能讓一頭牛（或你的姊姊）覺得**更開心**，那就是搔癢。

但是，你知道你有辦法可以**阻擋**搔癢嗎？

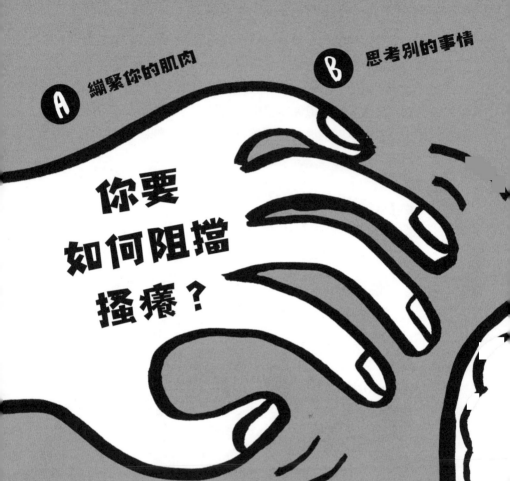

A 繃緊你的肌肉

B 思考別的事情

你要
如何阻擋
搔癢？

C 把你的手放在搔癢
你的人伸出的手上

D 憋住呼吸，吐出舌頭

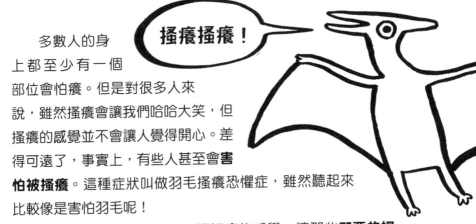

多數人的身上都至少有一個部位會怕癢。但是對很多人來說，雖然搔癢會讓我們哈哈大笑，但搔癢的感覺並不會讓人覺得開心。差得可遠了，事實上，有些人甚至會**害怕被搔癢**。這種症狀叫做羽毛搔癢恐懼症，雖然聽起來比較像是害怕羽毛呢！

話說回來，如果你可以**阻擋搔癢**的感覺，讓那些**邪惡的搔癢攻擊者**無法搔癢你的話，豈不是棒呆了嗎？事實上你的確可以做得到。想知道怎麼做到嗎？我就知道你一定會想知道。

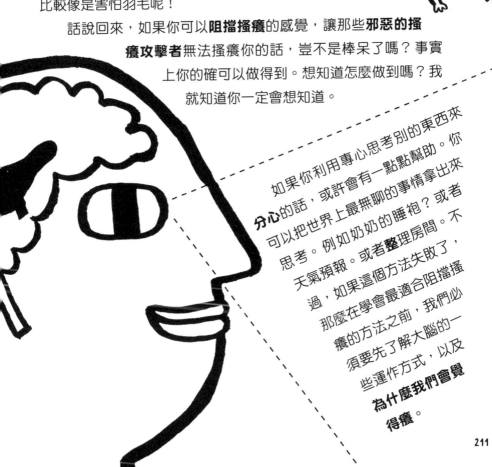

如果你利用專心思考別的東西來**分心**的話，或許會有一點點幫助。你可以把世界上最無聊的事情拿出來思考。例如奶奶的睡袍？或者天氣預報。或者**整理**房間。不過，如果這個方法失敗了，那麼在學會最適合阻擋搔癢的方法之前，我們必須要先了解大腦的一些運作方式，以及**為什麼我們會覺得癢**。

你有注意到你沒辦法搔癢自己嗎？你可以試試看。不會癢，對不對？這是因為我們的大腦必須感到驚訝才會覺得癢，這是很合理的。事情是這樣的，在我們還是**穴居人**的年代，若皮膚上出現了會讓我們感到驚訝的感覺，很有可能是因為有一些**小生物**偷偷爬上來，想要咬、刺或抓傷我們，甚至有可能會使我們感染**致命的疾病**。當時沒有醫師也沒有醫院，所以搔癢的感覺能幫助我們在遇到預料之外的危險生物時，可以**迅速做出反應**，把牠們彈走。

雖然從那時候到現今，我們已經進步非常多了，例如我們現在可以用刀叉吃飯，還可以計算代數（雖然可能沒辦法一邊吃飯一邊算代數就是了），但我們依然保留了許多**生存本能**。有些現代的動物也會表現出這種**古代的生存本能反應**。你可能看過馬為了擺脫背上那隻令牠發癢的蒼蠅而顫抖皮膚，或者用尾巴驅趕煩人的昆蟲。

那麼，要是無論你**驚不驚訝**，每次有任何東西碰到你會癢的那塊皮膚，你都會覺得很癢的話，會怎麼樣呢？那麼每次你穿鞋子和襪子的時候都會哈哈大笑！為了防止這種事情發生，你的大腦會在你用自己的手搔癢自己時，阻擋癢的感覺。當你的手往身體移動時，**你大腦中的其中一個區域會預測你的手會使皮膚有什麼感覺**，因此會阻擋癢的反應。

所以，當有其他人想要搔癢你的時候，你只要**騙過你的大腦**，讓大腦以為是**你的手**在搔癢就好了。在邪惡的搔癢攻擊者想要搔癢你的時候，只要把你的手放在他們的**手上**就行了。你的大腦會開始預測他們的手碰到你皮膚的感覺，就好像那是你自己的手一樣。這麼做能讓大腦不覺得驚訝……所以……成功啦！你再也不會覺得癢了。

答案是 ㄈ。

想要阻擋搔癢的感覺，只要把你的手放在搔癢你的人的手上就行了。

對了，其實你身上有一個部位能讓你自己搔癢自己。你能找到是哪裡嗎？是你的上顎，你可以試試看。有沒有癢到大叫呀？

我們之所以會覺得癢，是因為大腦為了保護我們而做出生存直覺反應。還有另一種不同的癢讓我們**大笑**，這種癢會讓大腦釋放出感覺良好的激素，如會讓我們全身軟綿綿的**催產素**，能幫助我們和搔癢我們的人建立更深的**連結**。當然，前提是你很喜歡他們，並不介意被搔癢。

有趣的是，如果你搔癢了現在還是嬰兒的妹妹的話，她很可能並不知道是你在搔癢她。在 6 個月大之前，嬰兒雖然可以感覺到癢，但他們**不會知道這種感覺是外在世界帶來的**。所以，你在搔癢她的腳趾時，雖然她可能會笑，但她很可能會以為這種好笑的感覺是隨機出現在腳上的。

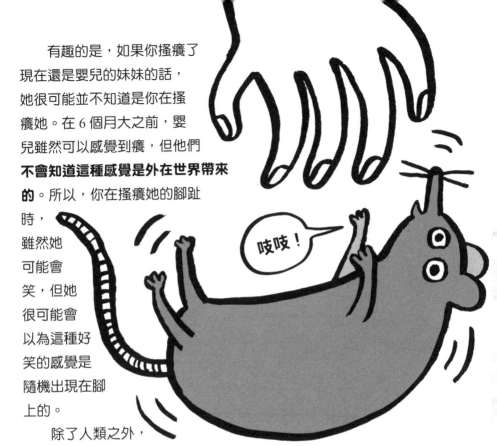

吱吱！

除了人類之外，很少動物天生就能理解搔癢的樂趣。在現今還存活的生物中，黑猩猩、大猩猩與紅毛猩猩是和我們**最親近的物種**，所以牠們喜歡這種奇怪的搔癢感也是很合理的。但詭異的是，還有一種生物似乎也同樣享受被搔癢，那種生物就是……老鼠。當你搔癢老鼠的背和肚子時，牠們不但會開心的跳起來，甚至還會發出愉快的高聲尖叫。這種尖叫可以說是老鼠界的咯咯笑。或許我們可以把這種尖叫稱為吱吱笑？搔癢停止後，吱吱笑的老鼠會在籠子裡追著剛剛搔癢牠們的手，好像希望繼續被搔癢一樣！

除了討好老鼠和折磨妹妹之外，精通**搔癢的藝術**還能有別的用途。舉例來說，你可以用這個技能來抓**龍蝦**。佛羅里達州南部的龍蝦獵人在捕捉身上充滿尖刺的龍蝦時，會用一種名叫**搔癢棍**的工具輕輕**點一下**龍蝦的尾巴後方，讓龍蝦從洞裡跑出來。可憐的龍蝦會毫不懷疑的以為有東西從後面攻擊牠們，因此立刻往前衝，直接衝入漁夫的網子裡。

真好玩！

雖然搔癢是個抓龍蝦的好方法，而且大笑也能使人與人之間的關係**更親近**，但是請不要**不顧朋友的意願**到處亂搔癢朋友。當然了，教導他們阻擋搔癢的技巧是例外。畢竟有些人真的不喜歡被搔癢。事實上，他們甚至會害怕搔癢。當你比他們更高大、更強壯時，他們尤其會覺得害怕。在二次世界大戰時，搔癢甚至曾被拿來當作**刑求**的手段。

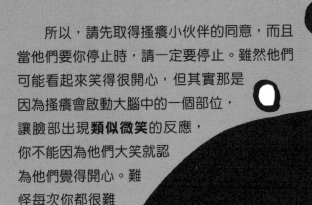

所以，請先取得搔癢小伙伴的同意，而且當他們要你停止時，請一定要停止。雖然他們可能看起來笑得很開心，但其實那是因為搔癢會啟動大腦中的一個部位，讓臉部出現**類似微笑**的反應，你不能因為他們大笑就認為他們覺得開心。難怪每次你都很難說服搔癢你的人，你覺得搔癢很痛苦。

說到痛苦，你知道身體的哪一個部位不會感覺到痛嗎？沒錯，不會感覺到痛的部位就是……

不對！
等一下。
我們不是已經
討論過這個
問題了嗎？

沒錯，我們之前就討論過了喔。
哈哈，騙到你了吧！你還記得答案是什麼嗎？
更重要的是，你還記得為什麼嗎？
就算你忘記了也不用擔心，
你隨時都可以翻到這本書的前面……
從頭閱讀一遍。

也就是說，你再也
不需要**我**的幫助囉！沒錯，
雖然你可能會覺得有點難過，但我
必須在此和你道別了。謝謝你和我一起
找出了這些問題的答案。這個世界上有這
麼多**這麼怪異**又**這麼好玩**的事，是不是**棒
透了**呢？不過，**更棒的**是只要你提出**正
確的問題**，再加上一點點來自**科學**
的協助，一切就都能**合理**了。

那就先說再見囉！請別忘了，
未來也要繼續問問題喔！

致謝

謝謝我的爸爸艾胥黎，你在我還小的時候為我說故事與解釋各種概念，並花了一輩子的時間向我解釋這個世界。謝謝我的媽媽蘇珊，你提供充滿創意的建議與精神上的支持，相信我能夠飛翔。謝謝我的繼母黛比，你總是陪伴在我身邊。謝謝我的祖母蘿絲瑪莉，你啓發我寫下各種故事。謝謝我的六個妹妹，你們讓我的心境保持年輕。謝謝所有曾看過我的現場表演的小孩，也謝謝許多小孩提出了我從沒想過的傑出問題。

謝謝「鴨子呱呱叫不會回音」團隊為我蒐集了這本書中的部分知識，並幫助我，相信我有話要說。謝謝阿里，你提供了許多美麗的想像力與充滿創意的構想，並在我孵化這本書的過程中忍受我的各種壓力。謝謝梅樂蒂幫助我把構想轉變成這本書。謝謝柔依・勞夫林用美麗的藝術作品協助我進行一開始的簡報，也謝謝本書傑出的插畫家愛麗斯把內容變得栩栩如生。

謝謝我親愛的媒體經紀人喬協助我找到出版社，謝謝我同樣親愛的作家經紀人史蒂芬妮接管許多事物並支持我，謝謝你們兩人的寬容與團隊合作。謝謝我的發行人薩斯基雅與伊莎貝爾，你們促成了這本寶貝，並且信任我照著我的方法做事。謝謝伊薩克、馬庫提歐、安娜、路克、露西、奧西安和潔德，你們是最棒也最好奇的天竺鼠。

謝謝我核心團隊，凱蒂、蜜雪兒、奧麗薇亞、費伊和賽門，你們在這趟瘋狂的旅程中一直緊握我的手。謝謝我的伴侶金姆維，你帶給我無盡的愛、歡笑、智慧與編輯上的支持。最後我要謝謝尼克，你是頭腦最傑出也最擅長打擊怪獸的朋友，你是魔法的管控者，也是最負責的土豚。若沒有你，我絕不可能完成這本書。

在這裡寫下你的問題。